用“小嶋流”的
3种搅拌手法打造酥脆口感

小嶋老师的
美味曲奇搅拌法

（日）小嶋留味　著
夏威夷果M　译
爱整蛋糕滴欢　审校

辽宁科学技术出版社
·沈阳·

如何烤出理想口感的曲奇

第一口咬下去的感觉是酥脆的，之后在口中逐渐化开，这就是oven mitten的曲奇。所谓理想口感的曲奇，即有细腻顺滑的口感，这样才能烘托黄油和小麦粉的风味，吃起来回味悠长。

如果小麦粉搅拌过度起筋，会影响曲奇口感；如果黄油所占比例较少，会导致曲奇口感硬实；如果黄油、砂糖、小麦粉没有混合均匀，会导致曲奇口感粗糙。

oven mitten的曲奇入口即化，不会有粉渣感，十分酥松轻盈。为了达到这个口感就要舍得多花功夫。如果掌握了操作要领，烤出理想口感的曲奇其实也不算难，只不过这种手法并不常见。这本书即对此详细阐述。

基本材料都很简单。有些只需黄油、小麦粉、砂糖、少许的盐就能制作。正因如此，把材料搅拌成均匀细腻的面团才尤为重要。也正是因为在这方面投入了精力和时间，不断坚持，才有了酥脆入口即化的双重口感，俘获了客人们的心。

书中将mitten流的3种搅拌手法传授给大家，这样你也能在家中吃到美味可口的曲奇，享受幸福的下午茶时光了。请大家按照书中的手法先试着做一遍，愉快地享受它的制作过程，你肯定会被成品曲奇细腻酥松的口感所惊艳到。

oven mitten　小嶋留味

小嶋留味

日本东京小金井oven mitten店主兼甜点师，女性甜点师的先驱者。1987年开店，之后身为法国料理主厨的丈夫小嶋晃也加入进来，一同经营cafe以及与甜点店并设的烘焙教室至今。坚持“甜点的美味源于食材本身的味道”为宗旨理念，与店里的女性员工一起潜心制作能发挥食材本身味道的质朴甜点。侧重搅拌手法的烘焙教室集结了众多海内外的学生。著有《小嶋老师的蛋糕教室》《小嶋老师的水果甜点》等多部图书。

oven mitten
日本东京都小金井市本町1-12-13

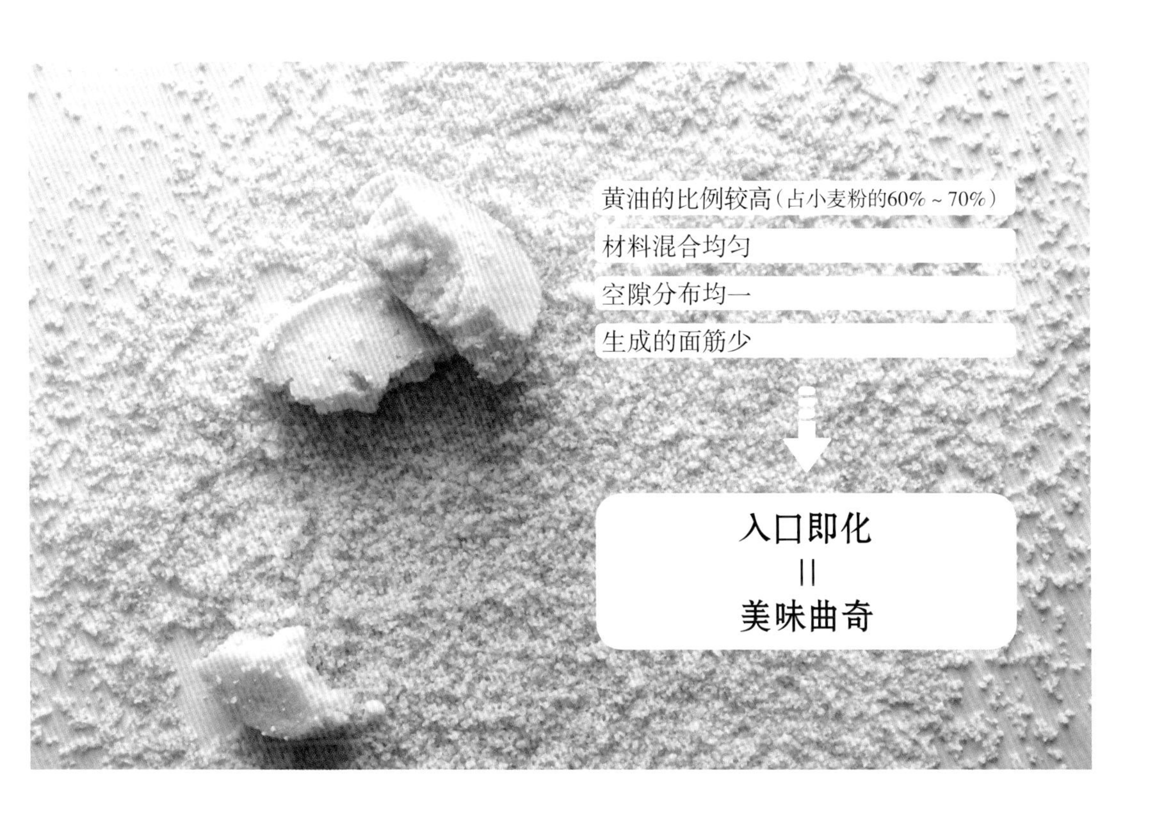

本书中曲奇的基本操作顺序及3种搅拌手法

目录 contents

关于视频

基本的3种搅拌手法Ⅰ Ⅱ Ⅲ以及其衍生的 Ⅰ-1 Ⅲ-1 Ⅲ-2 视频里附有解说。扫描二维码就能观看操作解说视频。内容包括实际操作顺序、关键点、面糊状态等。

观看视频过程中产生的费用由读者本人承担。另外，有些机型的电脑或手机、平板可能无法收看。也有可能存在没有提前预告就中止提供的情况，还望谅解。

用 Ⅲ mitten流压拌法的变换方式制作的曲奇

搅拌手法贴

日文原版工作人员名单

协助分析 西津贵久（岐阜大学 应用生物科学专业 教授）

协助 日清制粉株式会社

材料协助 cotta

摄影 三木麻奈

设计 高桥朱里（MARU SUN KAKU）

制果助手 鸭井幸子

造型·助理编辑 水奈

日文原书编辑 池本惠子（柴田书店）

制作前须知

- 1大勺代表15mL，1小勺代表5mL。
- 室温以20～25℃为参考。
- 本书中使用的是热循环电烤箱。烤箱种类不同，烘烤时间也会存在差异，请根据自家烤箱的性能进行调整。关于烤箱的预热及烘烤程度的说明见p.26。
- 使用的材料及准备方式见p.18、工具类见p.94。
- φ代表工具等的直径或口径。

打发黄油，制造气泡

I 打发搅拌法

制作曲奇也需要打发？对的，oven mitten的招牌曲奇里面有一半都是将黄油与砂糖打发后制作而成的。将软化的黄油和砂糖用电动打蛋器打发，然后视配方加入蛋液，因为打发与搅拌同步进行，所以称为打发搅拌。在开始阶段就制造出大量空隙（气泡）能够防止粉粒之间相互结团。通过这道工序打造出轻盈酥松的口感。

用电动打蛋器在盆内大幅度画圈搅拌，将黄油均匀地打发。

打发搅拌的方法是先将黄油回温至合适的温度，变软之后再进行打发。这个合适温度具体视曲奇配方而定，一定要确认清楚。

电动打蛋器的使用方法也有一些要领。打蛋头不要固定在一处，要在打蛋盆中大幅度来回绕圈才能充分打发。为了方便手腕运动，打蛋盆要放在利手侧的前方而不是身体的正面。这样操作效率更高，也不容易感到累，烘焙技术也会日益精进。即使是不需要打发搅拌的曲奇，也要时刻留意黄油的温度以及操作的位置。

打发搅拌的方法详见p.22及搅拌手法贴p.97。

打发之前，先将黄油调整成相同厚度，再放入微波炉稍稍加热（几秒到十几秒）。温度约22℃时手指能轻松摁下去，本书中大半的配方都是从这个温度开始打发的。注意黄油不能加热到熔化。

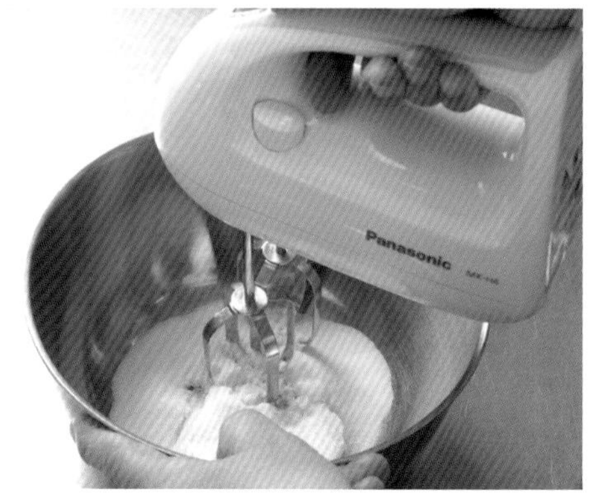

打发搅拌时，不需要提前将黄油和砂糖拌匀，直接用打蛋器搅拌即可。

将打蛋盆放置于利手侧的前方位置，身体正中心偏右侧（习惯用左手的放于左侧）。站立位置与操作台隔开15～20cm，手肘微微往前，这样方便手腕带动手肘大范围运动，操作起来更省力。熟练之前可以用胶带等在桌面上做些标记。

如果将打蛋盆放于身体正中间，胳膊与身体之间会产生间隙，手肘也会不自然地抬高，无法确保打蛋器搅打时的稳定性。

用打蛋器打发的黄油裹入了大量空气，呈发白奶油状，这样才能制作出轻盈酥松、入口即化的曲奇。

仅用橡胶刮刀搅拌过的黄油，由于里面空气含量少，口感相对硬实。而且细砂糖也不一定能混合均匀，就算之后加入面粉继续搅拌也很难变均匀。

面团不要过度搅拌，以
免出筋，用切黄油的方
式把面粉拌入混合

Ⅱ 曲奇搅拌法

你可能会惊讶曲奇还有专门的搅拌手法，没错，这就是oven mitten所有曲奇都适用的万能搅拌手法。与其说搅拌，倒不如说是将黄油规则地切细来得更准确。橡胶刮刀的握法与操作手法是关键。将刮刀紧贴着盆底用微微压弯前端的力度刮动，如下图所示，面粉中能留下清晰的轨迹。以横向画“一”字的方式向身前侧逐行画，每条宽约1cm，大致画10次（10条），将打蛋盆旋转90°后重复此操作。用这种搅拌方式面团不会出筋，更不会破坏气泡，烤出的成品口感酥松。刮刀前端如果没有贴紧盆底，就会残留有粉粒或小面团，烘烤后成为曲奇中的小硬团。为了避免搅拌不均，存在残留，每个回合都要用刮刀认真搅拌。

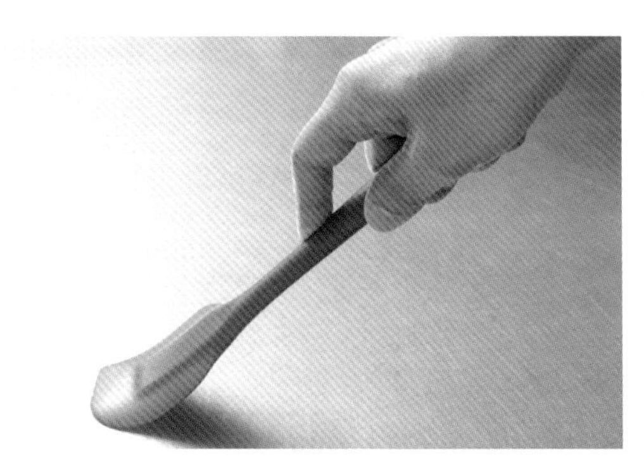

刮刀贴紧盆底，用微微压弯前端的力度拌动。这样盆底不会有干粉及面团残留，整体容易搅拌均匀。

在只装有面粉的盆内用曲奇搅拌法拌动时，盆底会留下这样的轨迹。为了横向画直线时能维持相同的力度，跟打发搅拌法（p.9）一样要将打蛋盆放置于利手侧。

使用曲奇搅拌法时只要搅拌到看不到干粉即可。一开始会存在大大小小的粉团，搅拌过程中逐渐被切细成芝上粉大小的粉粒。最后的成团方法有两种：一种是握住刮刀手柄下方，将面团以切的方式结合到一起的结合搅拌法。片刻就能成团，但是搅拌过度会导致面团发硬，需要注意。另一种方法是将面团放入塑料袋中或者包上保鲜膜，用擀面棒等边擀压边成形的结合方式。后者会在各食谱配方中详细解说。

曲奇搅拌法的详细说明见p.23及搅拌手法贴p.98。

非mitten流

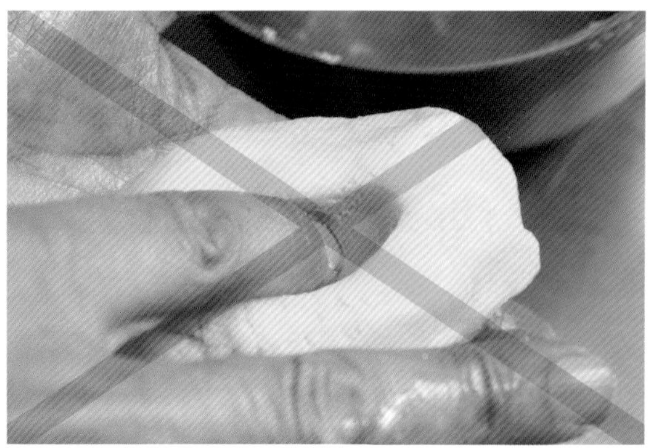

没有进行打发搅拌操作（p.9），只是将黄油和砂糖混合，加入面粉搅拌的面团。即使使用跟右页一样的配方，成品也会发硬。

曲奇搅拌法的起始与结束

加入面粉后，以切黄油的方式搅拌。

在持续规范的操作过程中白色粉粒会逐渐消失。各食谱配方的搅拌次数和最终形态都不一样，仔细观察面团的状态，看不到干粉后即可进入下步操作。

结合搅拌法

结合搅拌法是用手握住刮刀手柄下端，将面团朝着身前方向切过来。

用这种方式搅拌成团的面团里面保留了气泡，烘烤后的成品比较蓬松酥软。

用刮板碾压
整理组织

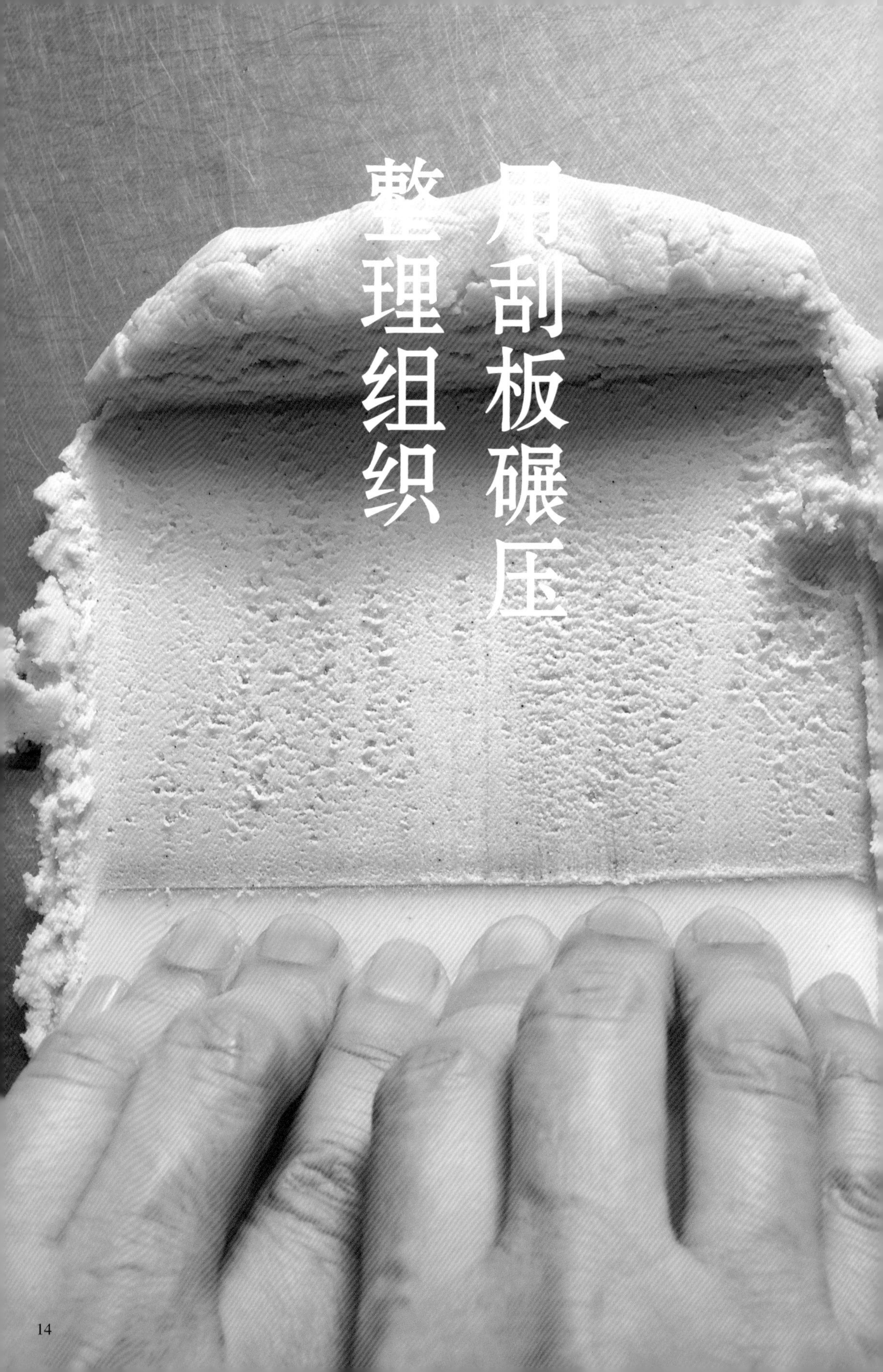

Ⅲ mitten流压拌法

压拌是指在最后阶段通过延展、碾压让面团组织变得更加细腻均匀的一种烘焙手法。mitten流压拌法乍看像是会造成面团损伤的操作步骤，其实是靠施加均等压力的方式抑制面筋生成，让面团质地更加细腻。形象一点的表述，就是将面团中的粉、黄油、气泡大小整理均匀，是打造成品纤细口感不可缺少的手法。书中会介绍适合家庭烘焙操作的刮板的独特使用方法。将手指并排放于刮板的直线端，均等施力将面团快速朝身前延展开并不断重复此操作。

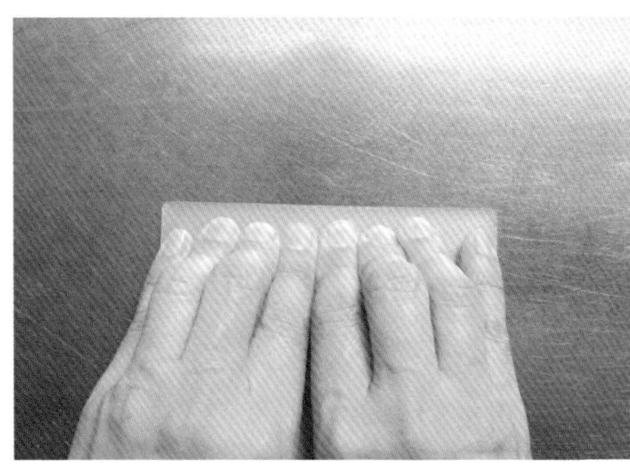

为了均等施力，要将手指并排放于刮板的直线端。拇指从刮板背面支撑住。

将刮板插入面团，刮板与操作台之间保留约3mm的距离，快速将面团拉向身前。

经过压拌之后的面团变得不再粘手，更方便操作。之前松软的面团会变得紧致湿润，并出现光泽。不过，压拌只能进行1次。注意不能用力碾压面团，拉开的长度也不能超过8cm，否则会造成面团损伤，导致发硬。

mitten流压拌法详见p.24及搅拌手法贴p.100。

非mitten流

力度过大，会导致面团被生生扯断，无法顺利延伸。

不要长距离地拉伸，面团容易受损。制作冰曲奇时拉伸长度不超过8cm。

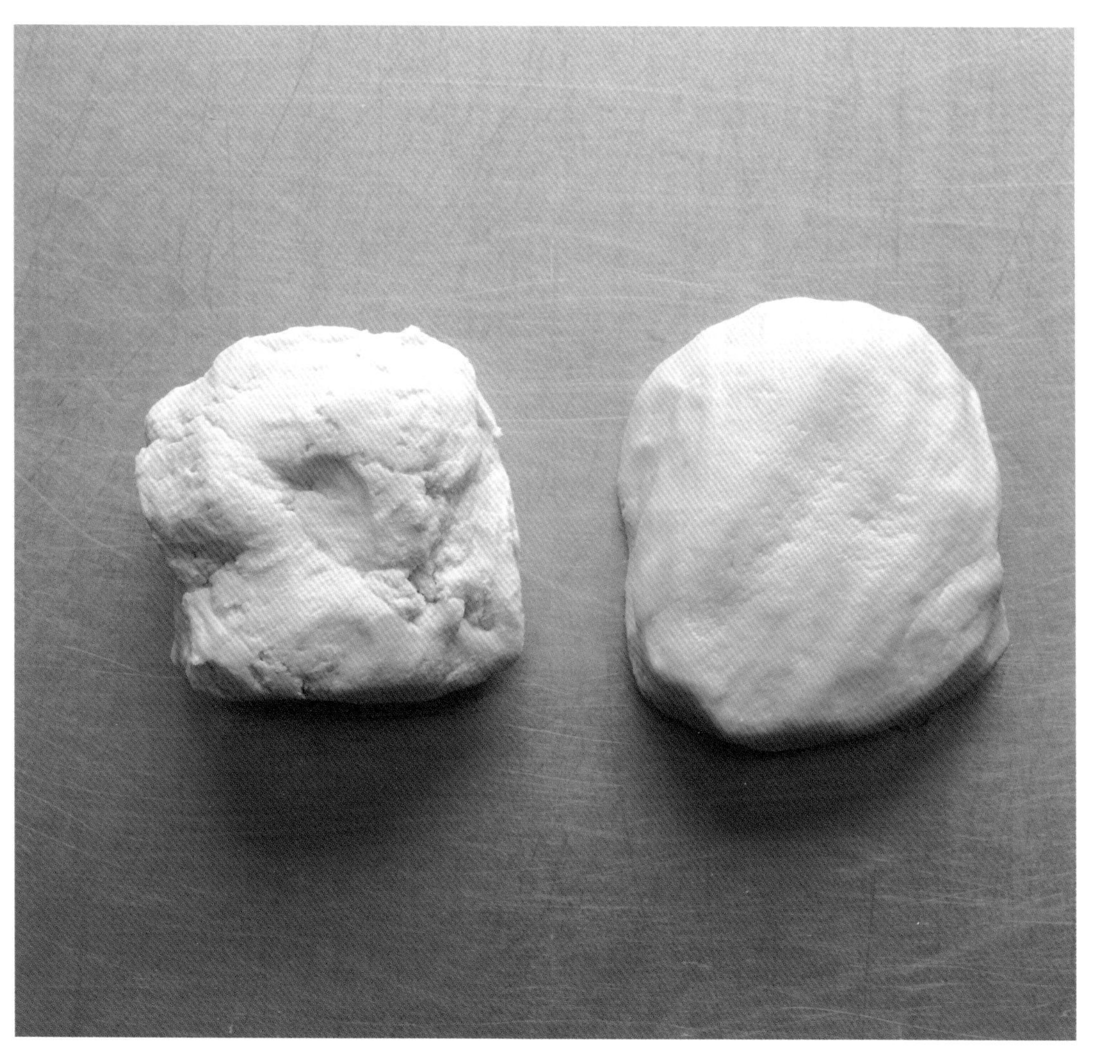

左边是压拌之前的面团，右边是经过压拌带有光泽的面团。压拌后面团更紧实，结合更紧密，成品口感也更细腻。

材料的挑选与准备

如何制作出质地均匀的面团，烤出入口即化的口感，与材料的选择和准备大有关系。

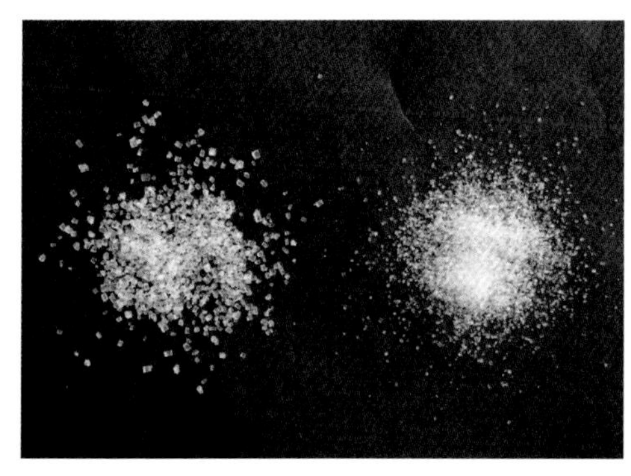

准备微粒型的细砂糖

细砂糖分为普通颗粒型与颗粒较小的微粒型2种。面团中用的细砂糖推荐容易溶解的微粒型。如果买不到，可以将普通细砂糖放入研磨钵或食物料理机中磨细。曲奇表面撒的细砂糖则要用普通颗粒型的，要的就是那种颗粒脆感。

黄油的厚度要均一

书中使用的黄油多以无盐发酵黄油为主。想要突出杏仁等其他素材的风味时，则可以将发酵黄油与非发酵黄油混合使用。提前将黄油调整成约1.3cm的厚度后再称量，用保鲜膜包好后冷藏备用比较方便。厚度相同，有利于整体温度均一，可以快速调整至所需温度。使用时只需用微波炉稍稍加热（几秒到几十秒）。绝对不能隔热水加热，也不要强行搅拌冰冷发硬的黄油。如果手中有非接触型温度计，更方便轻松地确认温度。

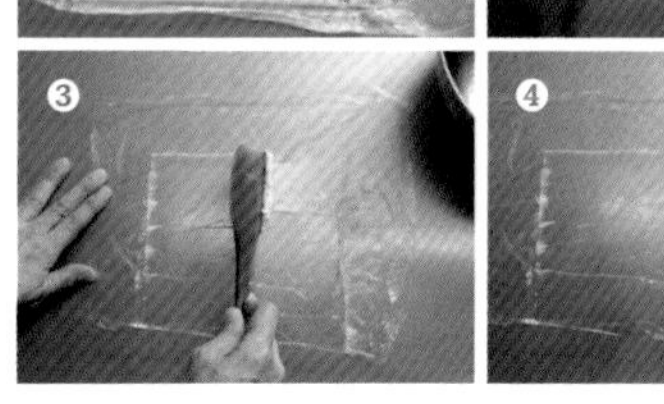

保鲜膜上黏附的黄油也属于计量范围，不要浪费。将包裹黄油的保鲜膜展开贴于操作台上，用刮刀的直线端从左往右（左撇子则为相反方向）刮取3行。最后把两端残余的黄油从下往上刮取干净，放到盆中。

即使少量的鸡蛋也需要回温

冷藏的鸡蛋直接使用会导致黄油温度下降，变得难于混合。称量好的鸡蛋就算量很少，也要在室温下回温至20～22℃再使用。oven mitten的曲奇里有几款蛋黄比例较高的配方，蛋黄与蛋白要分开称量。推荐使用中号的鸡蛋，大号鸡蛋的蛋白比例较大。

选择合适的低筋小麦粉

即使同属烘焙用低筋小麦粉范畴，成分不同，口感也会大相径庭。本书中用的是日清制粉的紫罗兰以及ECRITURE这两款低筋面粉，当然使用手中现有的小麦粉也没问题。紫罗兰的粉质细腻，制作出的成品口感松软。法国产小麦粉100%的ECRITURE按蛋白质含量分类应该属于中筋面粉。颗粒稍微大一些，蛋白质含量及淀粉品质也不一样，适合用来制作欧式酥松口感的甜点。可以烤出酥脆的口感，推荐使用。左栏给出了oven mitten按粉类区分使用的曲奇明细。

用紫罗兰制作的曲奇

- 薄酥饼（香草、肉豆蔻）
- 核桃甜酥饼
- 酥饼
- 榛果西班牙小饼
- 冰曲奇（米粉、荞麦粉）
- 碧根果球
- 新月酥
- 凤梨酥
- 雪球
- 维也纳酥饼
- 芝士曲奇
- 夹心曲奇

用ECRITURE制作的曲奇

- 冰曲奇（柠檬、核桃、巧克力、荞麦茶椰子、芝麻、红茶、香草）
- 贵妇之吻意大利小圆饼
- 法式传统曲奇
- 树桩曲奇
- 方格曲奇
- 三角曲奇
- 意式脆饼
- 果酱曲奇
- 普雷结饼干

其他

糖粉

选用不含玉米淀粉的纯糖粉。

盐

本书中使用的盐是干爽无水气的自然盐（伯方之盐和培盐）。如果电子秤的计量精度没有精确到0.1g，请以3根手指抓取的一小撮盐重量约0.3g为参考。其他的盐即使用量相同，咸度也会有所不同。

香草膏

本书中使用的香草膏是mikoya商社的香草膏TAC。如果使用天然香草荚，请按书中配方1/5的量来使用。

坚果类

本书中用的杏仁粉是加州产的卡米尔品种。其他的坚果请选用新鲜未变质的，冷藏保存，尽快用完。

柑橘类

尽量选择不打蜡的品种。用到表皮的时候，仅削取表面一层薄皮。

体验3种搅拌手法的效果

冰曲奇

将面团冷却冻硬制作的冰曲奇应该算是大家都比较熟悉的曲奇。用打发搅拌法、曲奇搅拌法、压拌法3种手法结合制作的冰曲奇，香脆且入口即化，非常美味。此外，mitten流的做法是利用烘焙纸将面团搓成条状，塑形更简便，不需要手粉，完全不会影响口感及风味。请一定要试试这款味道出众的冰曲奇哦！

来看一下对比结果！

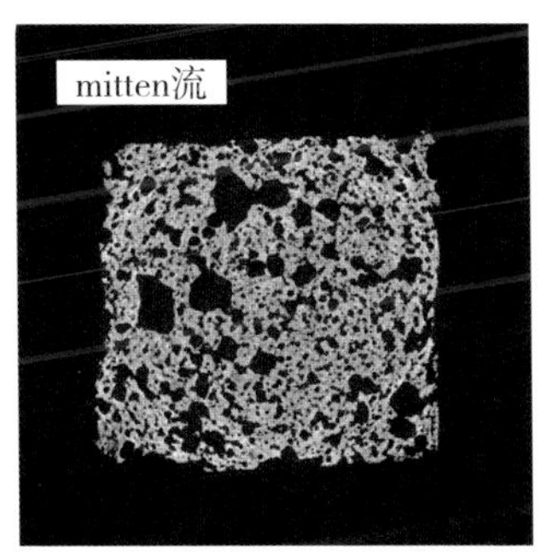

用打发搅拌法、曲奇搅拌法、mitten流压拌法制作的成品，组织内部大气泡分布均匀，且气泡间连接比较紧密。

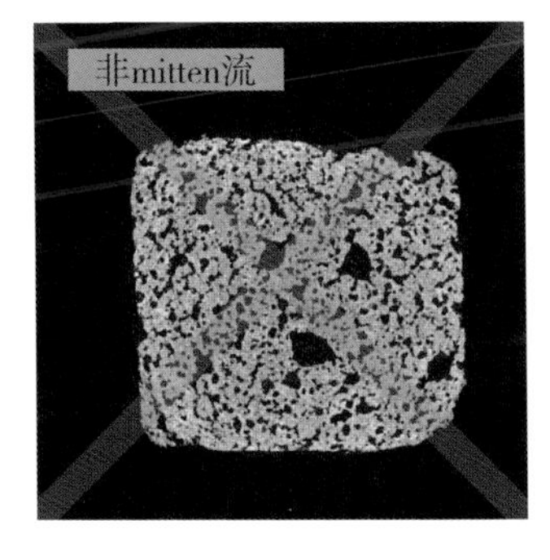

同样的配方只是普通搅拌后烤出的成品。组织结构紧密，气泡较小且多为孤立状态。

摄影及解析：西津贵久（日本岐阜大学应用生物学教授）
对上述2种条件制作的成品经X线CT扫描测定后比较其空隙率（内部空隙所占的比例）。

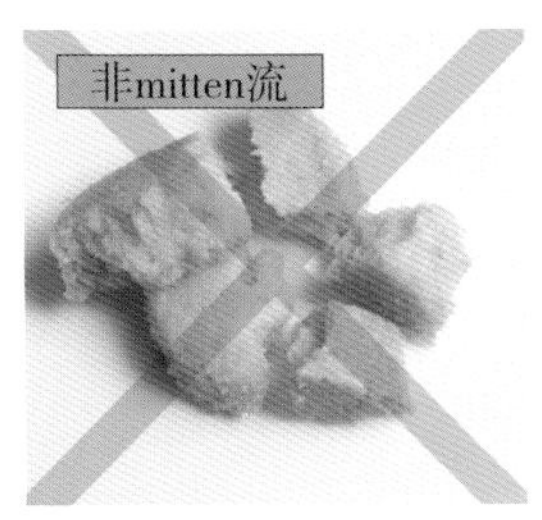

用mitten流制作的成品（左）口感酥松，入口即化。因为面团组织中的空隙彼此连接，因而表面积也大，黄油的风味能够深度扩散，味道香浓。仅普通搅拌的成品（右）口感较硬，不容易松化，没有入口即化的口感。

冰曲奇
柠檬

可以根据自己的喜好选用柚子、酸橘、橙子等柑橘。
此处用的是柠檬。
因为要先将面团分成2等份后再分别进行mitten流压拌，所以可以一半做成柠檬风味，一半做成红茶或者香草风味（p.53）。

材料（36～38片）

黄油…………………………………100g
细砂糖（微粒型）……………………45g
蛋黄……………………………………9g
蛋白……………………………………6g
低筋小麦粉* ……………………… 150g
柠檬皮屑…………………… 3/4只的量

辅料

细砂糖（普通颗粒型）………… 适量

* 小麦粉如果用紫罗兰的，则把配方中的蛋白去掉，蛋黄变为16g。

准备

- 黄油软化至21～23℃。
- 蛋黄与蛋白混合均匀，温度调整至20～22℃。
- 低筋小麦粉过筛。
- 准备两张23cm×15cm的烘焙纸。
- 烤箱预热至190℃（烘烤温度170℃）。

I 打发搅拌法

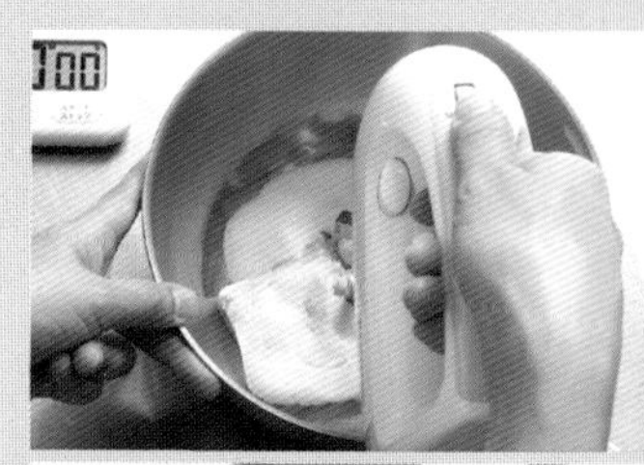

❶将软化的黄油与细砂糖放入盆中，左手（不握打蛋器的那一只手）于9点钟位置抓住盆边，右手在3点钟位置。电动打蛋器的搅头要触碰到盆底，用中速挡打发。搅头要抵到盆底能听到哐当哐当的撞击声，以每10秒搅打15圈的速度大幅度画圈打发。参考标准（100g黄油）大概1分30秒。把空气搅打进去，打到颜色发白、体积增大。

详见p.97

❷将回温后的蛋液分2次加入，每次用同样的方式打发搅拌。每次加入后搅打时间控制在1分钟以内。如图所示打成奶油状后，卸下搅头，将黄油刮取下来放入盆中。盆壁周围的黄油用橡胶刮刀刮取下来，将表面抹平。

▶参见视频

Ⅱ 曲奇搅拌法

详见p.98

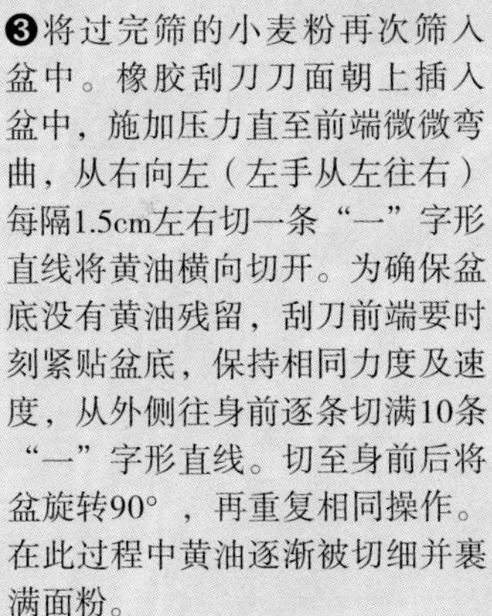

❸将过完筛的小麦粉再次筛入盆中。橡胶刮刀刀面朝上插入盆中，施加压力直至前端微微弯曲，从右向左（左手从左往右）每隔1.5cm左右切一条“一”字形直线将黄油横向切开。为确保盆底没有黄油残留，刮刀前端要时刻紧贴盆底，保持相同力度及速度，从外侧往身前逐条切满10条“一”字形直线。切至身前后将盆旋转90°，再重复相同操作。在此过程中黄油逐渐被切细并裹满面粉。

❹重复10次左右后基本看不到面粉颗粒，用刮板将橡胶刮刀上黏附的面团刮取下来，用结合搅拌法将面团整理成团。此时将大拇指摁在刮刀刀面处握住刮刀部分。从盆内往身前竖方向一下切过来。慢慢转动打蛋盆换不同的地方切8～10次后就会结合到一起，用手轻轻揉成团。得到蓬松柔软的面团。

▶参见视频

加入柠檬

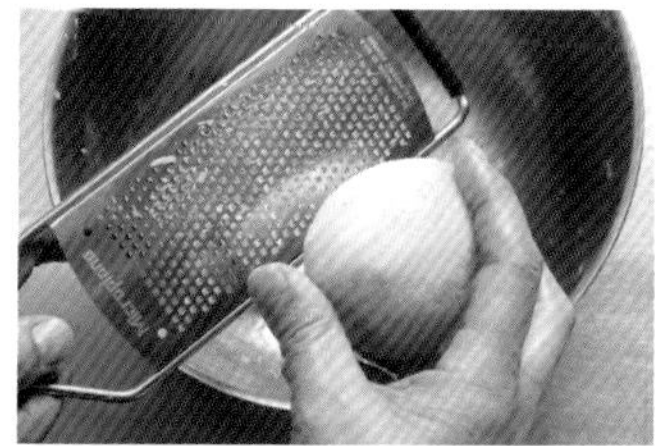

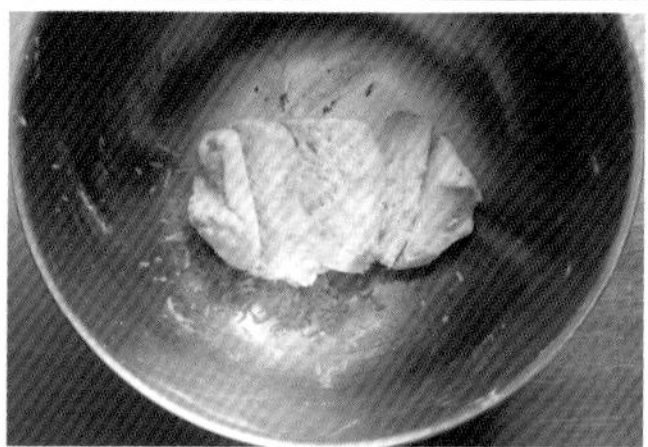

❺加入柠檬皮屑。为了避免起筋，用刮板以切的方式拌到里面。

此处如果提前将面团一分为二，一半加柠檬，一半加香草或红茶（p.53），一次即可做出2种口味。

Ⅲ mitten流压拌法

详见p.100

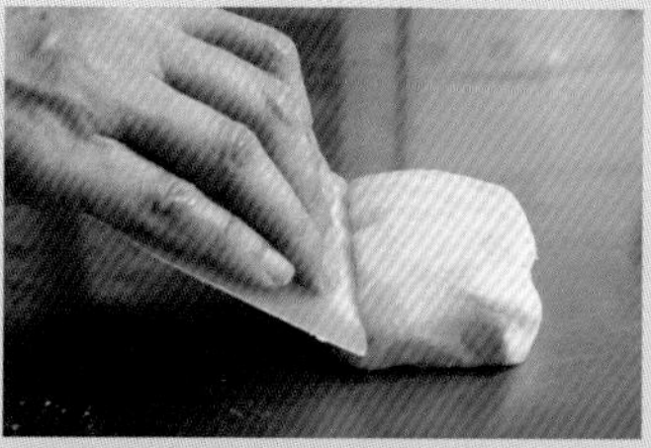

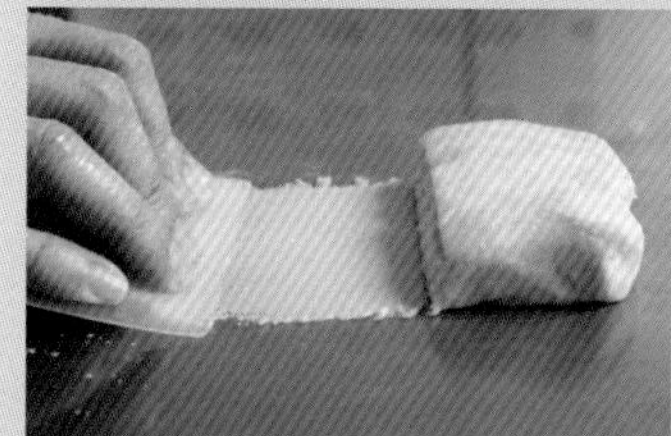

❻将面团称量分成2份，分别进行压拌。将面团调整至比刮板略窄的宽度，厚度约3cm，放到操作台上。将两只手的各4根手指并排放到刮板直线端，以便均匀用力，拇指从反面夹住刮板。从面团前方约1.5cm处插入刮板，在台面上将面团碾压成3mm厚后打住。保持3mm的厚度迅速将面团拉长至8cm左右。维持一定的速度及压力，按每2cm碾压一次的频度。最后左右两端多出的面团各自进行压拌。压拌只需进行一次。剩下的半块面团按照相同方法操作。

▶参见视频

整形

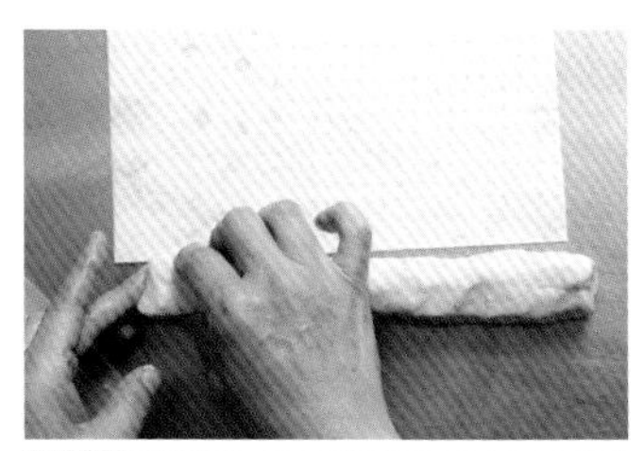

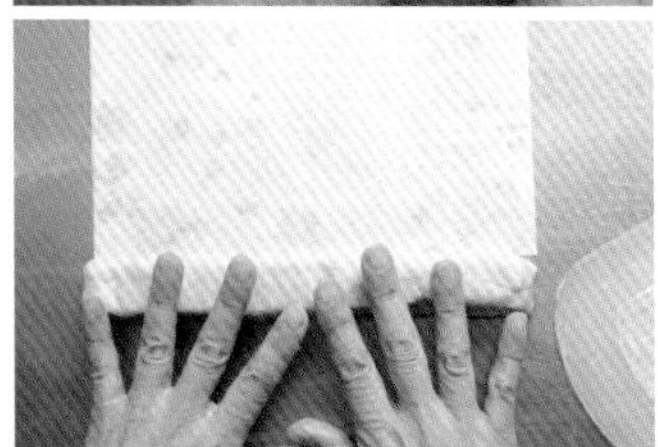

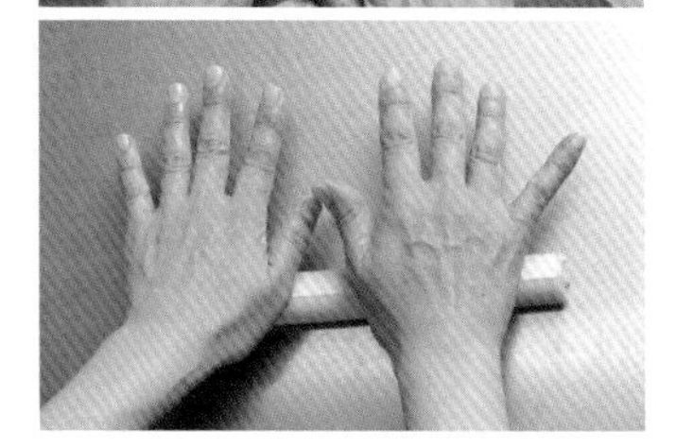

❼借助烘焙纸将面团整成条状。将面团摆到烘焙纸前方，修整成粗细均一与烘焙纸宽度一致的23cm的棒状。利用刮板将面团移至烘焙纸上，连着纸卷起来。将面团的四角修平搓成圆条。用指尖轻压着滚动至手掌根处，重复多次搓成规则的圆柱形。剩下的面团按照相同方法操作。

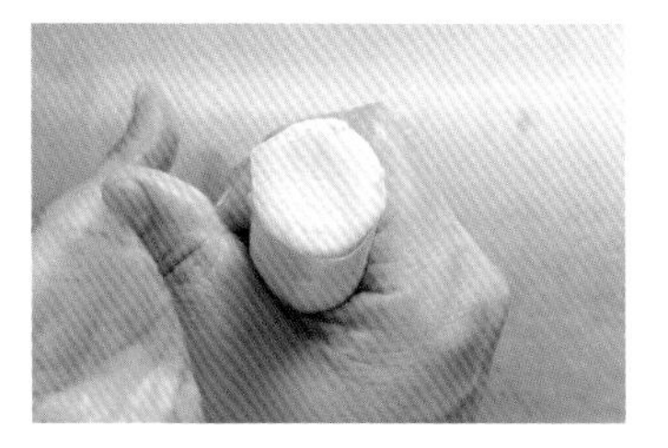

❽放入冰箱内冷藏约1小时，也可冷冻30～40分钟，直至方便切割的硬度。

包上保鲜膜冰箱内冷藏保存，可保存约10天，冷冻可以保存约1个月。如果冷冻，烘烤时要提前30分钟拿到冷藏室解冻至方便切割的硬度。

烘烤

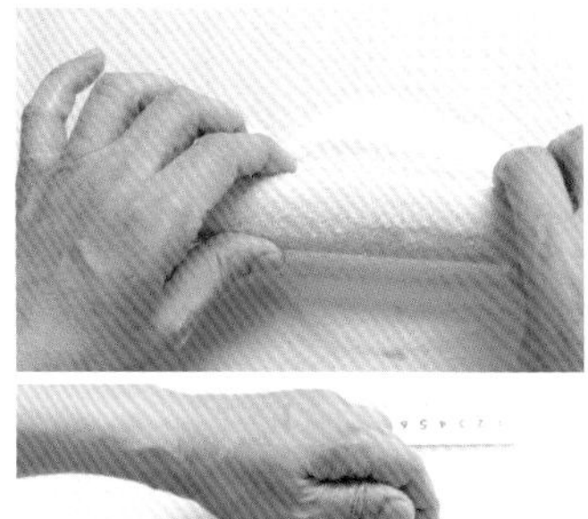

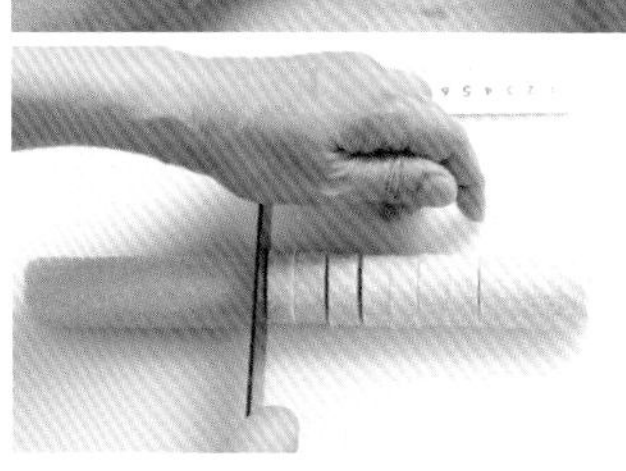

❾烤箱预热至190℃。烤盘内铺上烘焙纸。将辅料用的细砂糖在纸上均匀铺开，将撕掉纸的曲奇面团放到上面轻轻压着来回滚动，使表面均匀裹上细砂糖。轻轻抖落掉多余的细砂糖。按每个约1.2cm的宽度分割成18～19个。使用刀刃较长的刀具，保持刀身垂直通过架在刀背上的手施力竖直切下去。

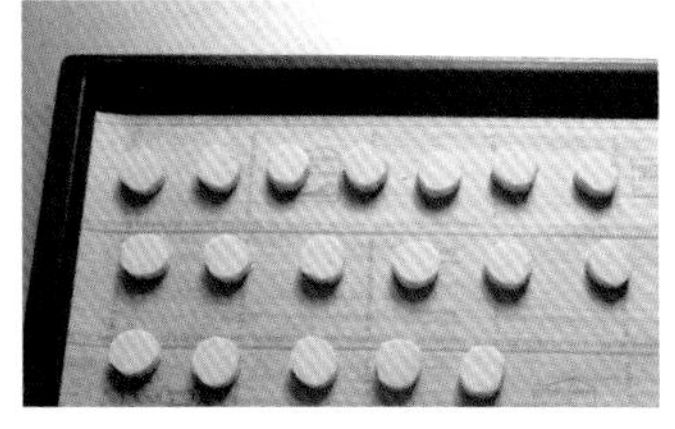

❿每个之间间隔一定距离摆到烤盘上。

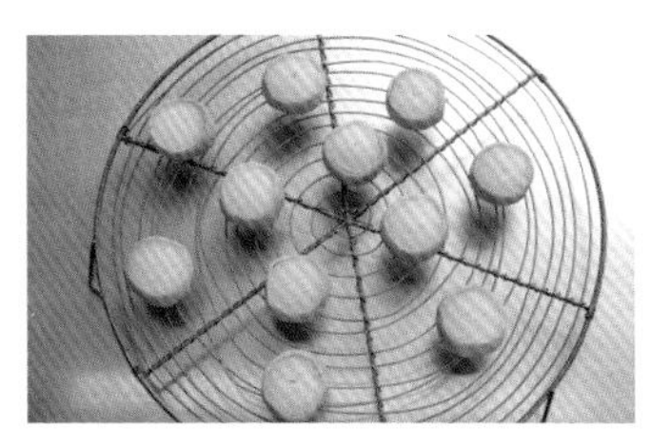

⓫送进烤箱170℃烘烤17～20分钟。烤到表面微微上色，底面整体上色后取出，放到凉网上凉凉。

烘烤状态的分辨

酥脆入口即化的口感以及黄油的香浓风味会被烘烤时间左右。如果烘烤不足，面粉会粘成一团，没有酥脆的口感，而烘烤过度则会削弱黄油的风味，只剩下烤焦的面粉味。下图所示的冰曲奇，是所有曲奇都共通的烘烤状态。温度可以按照配方调整，烘烤时间请根据参考标准进行判断。由于烤箱不同，烘烤前曲奇面团温度也不同，烘烤时间会相应变化。

※ 本书中的曲奇是用德国产的美诺烤箱烘烤的。

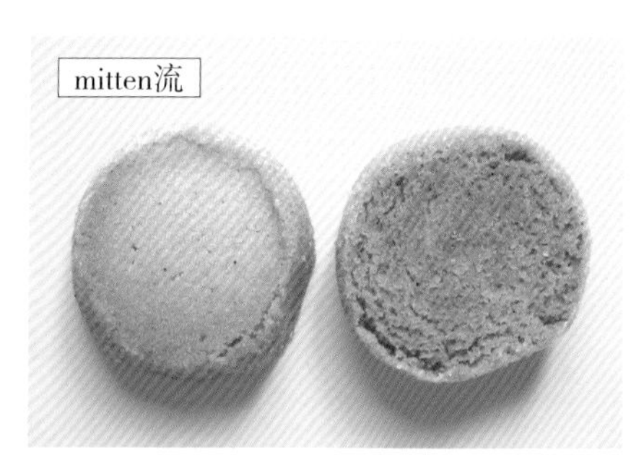

边缘处的烤色微微变深，中心处浅浅上色后，翻面确认底部的上色程度。如果底部均匀上色就可以出炉了。不用烤到表面整体上色，这样既可以品尝到外层的焦香，又保留了内部黄油的香味。

建议对半切开确认一下，断面外周已经上色，内部还没有烤上色。

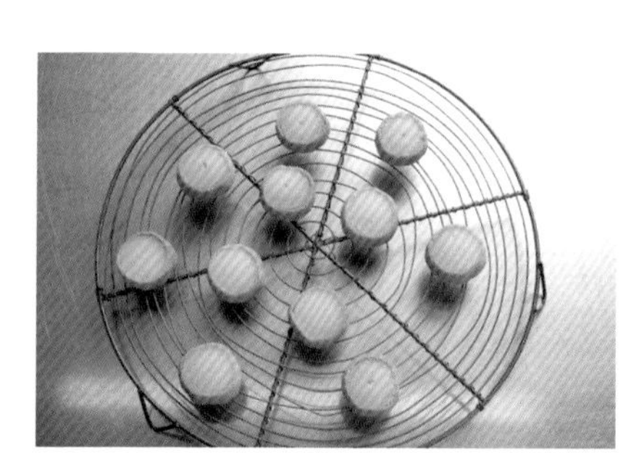

出炉后放到凉网上放凉。

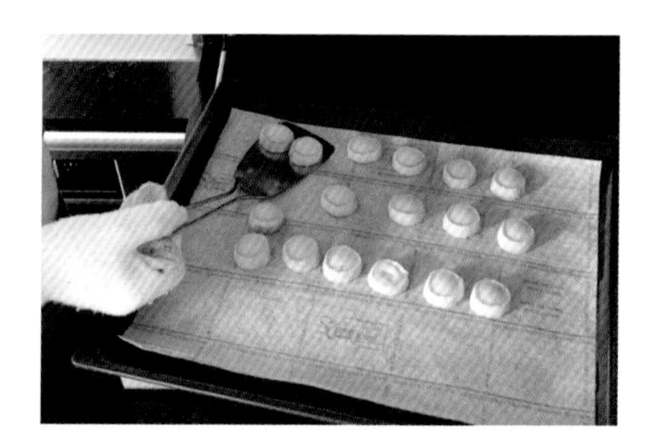

打开烤箱门的时候炉内温度会下降，所以预热温度要比烘烤温度高20℃以上。有的烤箱中途需要将烤盘前后位置对调一下。可是，打开烤箱门温度就会下降，所以要尽量减少开烤箱门的次数，之后烘烤时间也要相应增加5～10分钟。烤好的曲奇可以用刀面较薄的铲刀数个一起快速铲出。

如果一个烤盘放不下，剩余的可以摆到（或用裱花袋挤到）另一个烤盘上（或烘焙纸上），分2次烘烤。第一次烘烤用的烤盘如果继续使用，背面要用流水冲一下，降温后再使用。

Ⅰ 打发搅拌法　Ⅱ 曲奇搅拌法　Ⅲ mitten流压拌法

3种搅拌手法
组合制作的曲奇

只要将这3种搅拌手法随意组合，就能制作出各式各样的曲奇。大多数口感酥松细腻，有类似甜酥饼那种带酥脆感的，也有像酥饼那样多层次感的。当然，所有曲奇的共通点就是食用过程中会在口中化掉。3种搅拌手法中，曲奇搅拌法是所有配方都会用到的，打发搅拌法及mitten流压拌法有的方子用到，有的没用到。采用何种手法，是由曲奇各自的特点决定的。

香草薄酥饼

由于搅拌过程中没有混入空气，黄油的风味十分浓郁。
薄片烘烤的方式使成品轻盈酥脆、一咬即碎，迷迭香和百里香的香味、黄油的风味瞬间释放，唇齿留香。
做法→p.36

肉豆蔻薄酥饼

吃过肉豆蔻与黄油的组合就会让人上瘾。
与甜酥饼如出一辙的简单配方，用曲奇搅拌法打造成细腻均匀、香酥可口的饼干。
做法→p.37

核桃甜酥饼

面团中颗粒状的核桃制造出香脆的粒粒口感。由于面团不容易结合，可以把它填到模具中烘烤成型，不要强硬地揉成团。正是这样的饼身厚度完美演绎了表层香脆、内部酥软的双重口感。

做法→p.38

酥饼 孜然/芝麻/芝士

用微量的糖来提味的咸味饼干。通过曲奇搅拌法以及最后阶段的多次结合搅拌打造出派皮那样的多层结构。

做法→p.39

贵妇之吻意大利小圆饼

享有贵妇之吻美誉的北意传统甜点。
皮埃蒙特地区出品的贵妇之吻每款都极具个性。
依据当地甜点师的基础配方制作，采用曲奇搅拌法让口感变得细腻轻盈。
做法→p.40

榛果西班牙小饼

起源于西班牙修道院的传统甜点，西班牙语“polvo”是粉末的意思。口感酥松、入口即化。西班牙巴斯克地区毕尔巴鄂老店的小饼中，榛子风味给我留下了深刻印象。它原本是用杏仁粉制作的，这里我添加了榛子，用塑料袋简化了制作方法。

做法→p.41

法式传统曲奇

椰子/榛果/脆片

在法国经常可以看到这种大块的长方形曲奇。
我把朋友Nicole chef的配方做了改动，更符合亚洲人口味。
虽然做法简单，但加入酥脆口感的食材使风味十分独特。
脆片是指类似可丽饼那样的薄面糊经烘烤后碾碎而成的烘焙食材。
做法→p.42

香草薄酥饼

材料（13～14片）

黄油…………………………………… 100g
细砂糖（微粒型）…………………… 45g
a 低筋小麦粉……………………… 110g
└玉米淀粉………………………… 25g
盐…………………………………… 0.2g
百里香、迷迭香叶子………… 共计2g

辅料

细砂糖（普通颗粒*）…………… 适量
香草（装饰用）………………… 适量

* 表面撒上细砂糖后再烘烤。普通颗粒的细砂糖即使烘烤后也不会熔化，脆脆的颗粒感可以增添亮点。

准备

- 黄油软化至20～22℃。
- 将**a**混合过筛。
- 烤盘内铺上烘焙纸。
- 烤箱预热至190℃（烘烤温度为170℃）。

❶处理香草，将百里香叶子从茎部剔取下来，与迷迭香叶子一起切成3～4mm长。

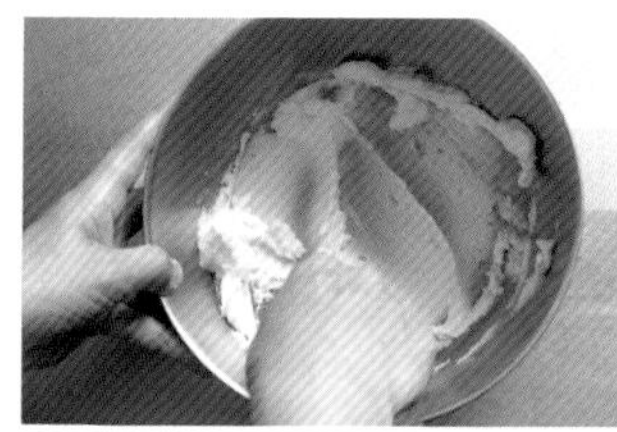

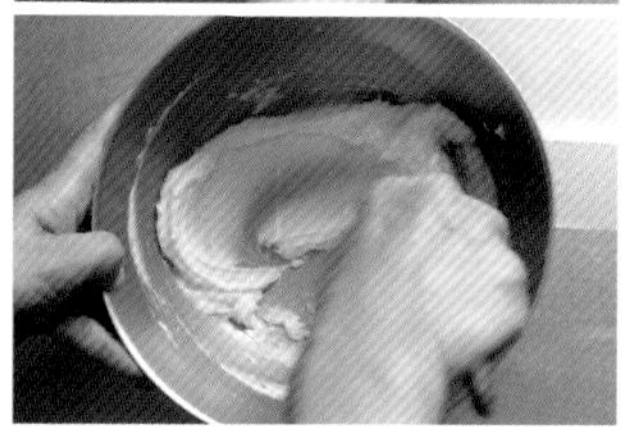

❷将黄油与细砂糖放入打蛋盆中，握住橡胶刮刀的手柄下端，用刮刀刀面抵住盆底以微微压弯前端的力度紧贴着盆底拌动，整体搅拌均匀。将表面抹平。

Ⅱ → p.98

用曲奇搅拌法混合

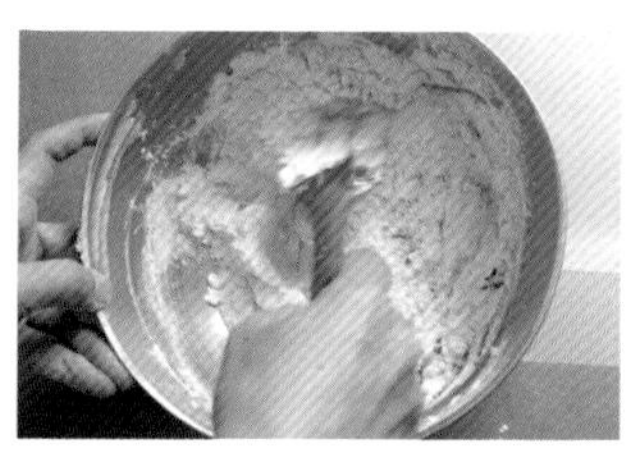

❸将混合过筛后的**a**再次筛入盆中，加入盐、❶中的香草，用曲奇搅拌法混合，接着用结合搅拌法将面团整理成团。

❹将面团平均分割成20g一份。

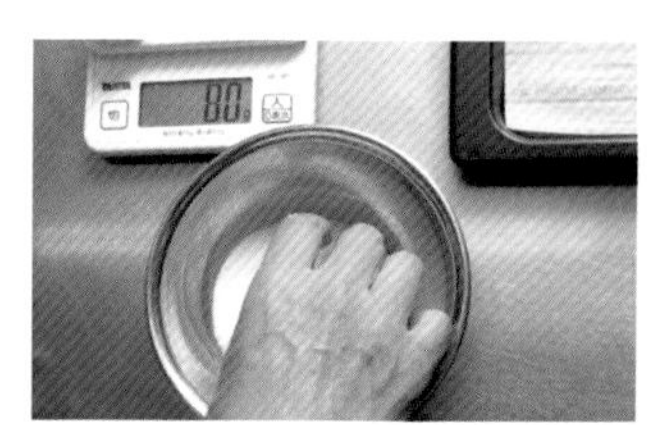

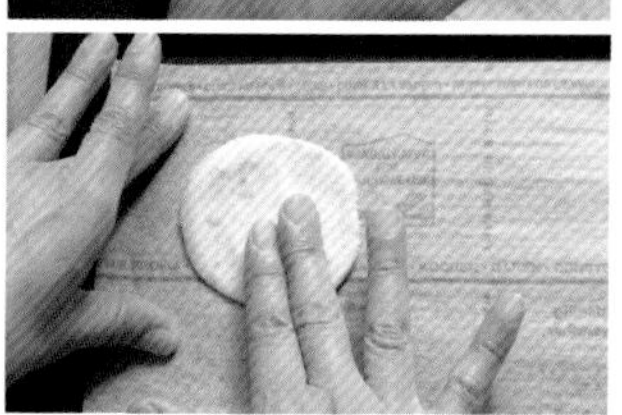

❺用手稍微揉圆，放入装有细砂糖的盆中来回滚几下。均匀沾上细砂糖后放到手掌心上，用另一只手的大拇指根部将其压平并扩展开，摆到烤盘上，调整成厚度均一的直径8cm左右的圆形。

❻剩下的面团按照相同方法操作，摆到烤盘上，将装饰用的香草贴到表面，再用手按实。

❼放入170℃烤箱内烘烤13～15分钟，时间仅作参考（烘烤程度→p.26）。刚出炉时饼干质地较软，连同烤盘一起放到不烫手后，再移到凉网上凉凉。

肉豆蔻薄酥饼

材料（13～14片）

黄油…………………………………… 100g
细砂糖（微粒型） …………………… 50g
低筋小麦粉………………………… 142g
肉豆蔻* …………… 1.5g（约1½小勺）

* 肉豆蔻最好使用整粒研磨的，香味更浓郁。

准备工作

- 黄油软化至20～22℃。
- 低筋小麦粉过筛。
- 烤盘内铺上烘焙纸。
- 烤箱预热至190℃（烘烤温度为170℃）。

❶将黄油与细砂糖放入打蛋盆中，握住橡胶刮刀手柄下端，将刮刀刀面抵住盆底以微微压弯前端的力度紧贴盆壁拌动。整体搅拌均匀后，将表面抹平。

Ⅱ → p.98

用曲奇搅拌法混合

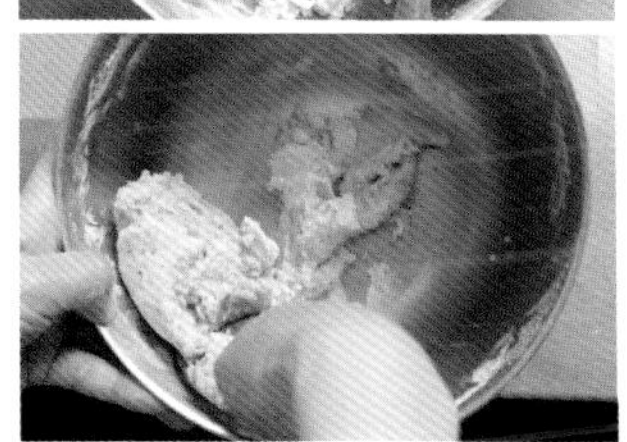

❷将过完筛的粉类再次筛入，用曲奇搅拌法混合。加入肉豆蔻，用结合搅拌法搅拌成团。

❸将面团平均分割成20g一份。

❹用手稍微揉圆，放到手掌心上，用另一只手的大拇指指根处压平并扩展开，放到烤盘上，调整成厚度均一的直径约7cm的圆形。剩余的面团按照相同方法操作，摆到烤盘上。

❺放入170℃烤箱内烘烤13～15分钟，时间仅作参考（烘烤程度→p.26）。刚出炉的曲奇质地较软，连同烤盘一起放到不烫手后，再移到凉网上凉凉。

核桃甜酥饼

材料（ϕ 15cm的慕斯圈或圆模1个）

黄油…………………………………… 60g
细砂糖（微粒型）………………… 35g
低筋小麦粉……………………… 105g
盐………………………………… 0.2g
核桃…………………………………… 27g

准备工作

- 黄油软化至20～22℃。
- 低筋小麦粉过筛。
- 烤盘上铺上烘焙纸。
- 慕斯圈直接放到烤盘上，圆模底部铺上裁剪好的烘焙纸后再放到烤盘上。
- 烤箱预热至190℃（烘烤温度为170℃）。

❶核桃用食物料理机打成粉状。

❷将黄油与细砂糖放入打蛋盆中，握住橡胶刮刀手柄下端，刮刀刀面抵住盆底，以微微压弯前端的力度紧贴盆壁拌动。整体搅拌均匀后，将表面抹平。

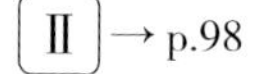

Ⅱ → p.98

用曲奇搅拌法混合

❸将过筛后的粉类再次筛入，加入盐、核桃，用曲奇搅拌法搅拌。接着用结合搅拌法混合，无须搅成团，整体混合均匀即可。

❹铺到慕斯圈（或圆模）内。用刮板将表面抹平整，再用手压平。表面可以用刀或叉子画些花纹。

❺放入170℃烤箱内烘烤20分钟，降至160℃烘烤25～28分钟。烤到用手轻按手感柔软、无夹生感、表面微微上色的程度。连同烤盘一起放到不烫手后，脱下慕斯圈（或圆模），观察侧面是否上色。放凉后根据自己的喜好分切成合适的大小。

酥饼

孜然

材料（容易操作的量）

黄油…………………………100g

a 细砂糖（微粒型）………5.5g

盐…………………………3.3g

低筋小麦粉………………150g

全麦粉……………………38g

孜然………………………5.5g

淡奶油（乳脂肪45%）………66g

准备工作

- 黄油软化至20～22℃。
- 低筋小麦粉用细目筛过筛。全麦粉用粗目筛过筛。将**a**中材料混合。
- 准备好25cm×35cm的塑料袋、高度平衡尺（木棒2根）、擀面棒。
- 烤箱预热至200℃（烘烤温度180℃）。

Ⅱ →p.98

用曲奇搅拌法混合

❶将黄油与细砂糖放入打蛋盆中，用橡胶刮刀拌均匀后抹平，加入**a**，用曲奇搅拌法混合。

此配方不容易成团，可以穿插使用p.99中介绍的方法进行混合。

❷搅拌到盆中还剩少量干粉时，以画圈方式淋入淡奶油。淡奶油融合后，用结合搅拌法进行混合。

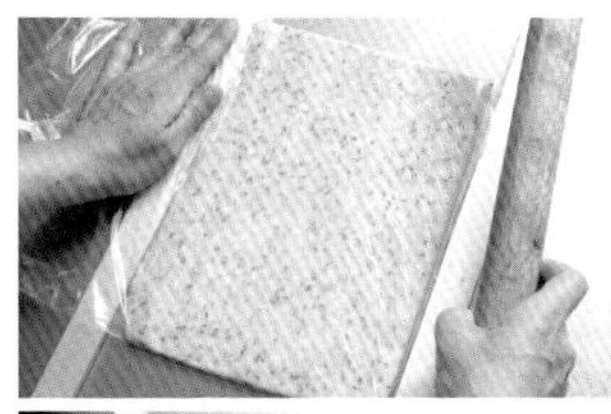

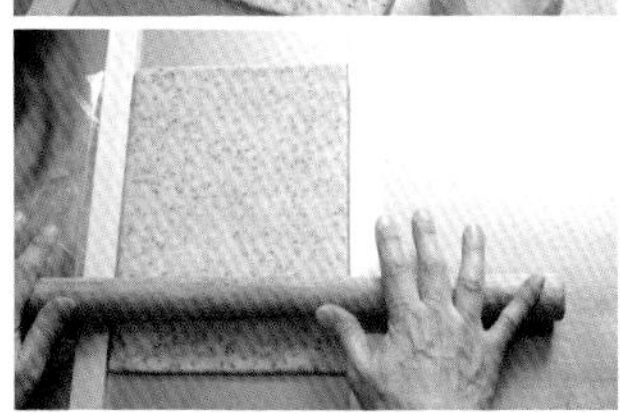

❸将面团装入塑料袋中，擀成5mm厚。将面团放到两根高度平衡尺之间，用擀面棒擀开并将面团推满边角处，擀成四边形。大小为25cm×22cm。放入冰箱中冷藏2小时以上。

高度平衡尺也可以用木条代替。大小为5mm×10mm比较合适。

可以直接冷冻保存。

❹预热烤箱。烤盘内铺上烘焙纸。

❺将❸的塑料袋剪开，用派皮刀或切刀分割成3cm的正方形，摆到烤盘上。

❻放入180℃烤箱内烘烤15～18分钟，烤到表面微微上色、底部均匀上色的程度，放到凉网上凉凉。

酥饼 芝麻

a中材料改为细砂糖（微粒型）3g、盐3g、低筋小麦粉150g、全麦粉34g、熟芝麻50g，做法相同。装入塑料袋，擀成25cm×29cm大小。

芝麻可以根据自己喜好，黑色、白色均可。水洗芝麻最好炒香后再使用。

酥饼 芝士

a中材料改为细砂糖（微粒型）6g、盐1g、低筋小麦粉150g、全麦粉35g、红波芝士屑或者帕尔玛芝士粉54g，做法相同。装入塑料袋，擀成25cm×27cm大小。

贵妇之吻意大利小圆饼

材料（16～26个）

黄油……………………………… 50g
a 榛果……………………………… 56g
细砂糖（微粒型）…………… 54g
盐……………………………… 0.2g
低筋小麦粉[*1] …………………… 58g
调温巧克力（可可含量55%[*2]）
……………………………………… 40g
mycryo纯可可脂粉末[*3] ……… 0.4g

*1 推荐使用ECRITURE，口感更细腻酥松。

*2 此处使用可可百利公司的excellence。

*3 可可百利公司的产品，可以让调温（量少时）变得更容易。100%可可脂，可用于巧克力淋面以及慕斯等甜品的冷却定型。

准备工作

- 黄油软化至20～22℃。
- 低筋小麦粉、mycryo纯可可脂粉末一同过筛。
- 烤盘内铺上烘焙纸。
- 烤箱预热至180℃（烘烤温度160℃）。
- OPP薄膜剪成三角形后卷成圆锥形当裱花袋使用。

❶榛果放进160℃烤箱内烘烤20分钟左右。

❷将a放入食物料理机中打成粉状。加入低筋小麦粉稍稍搅打使其混合均匀。

Ⅱ → p.98

用曲奇搅拌法混合

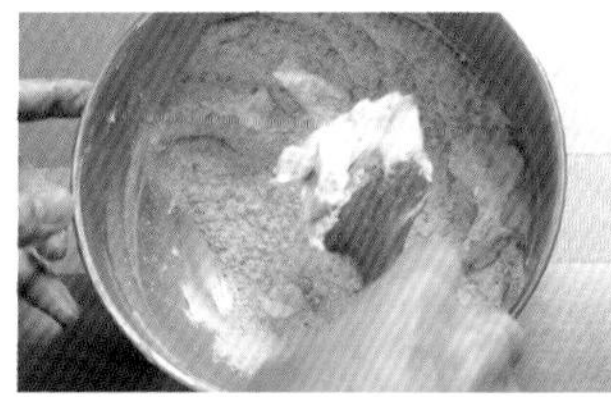

❸黄油放入打蛋盆中，用橡胶刮刀搅拌柔顺，抹平表面。加入❷，用曲奇搅拌法混合，由于粉量较多不容易拌成团，此处不需要结合搅拌。看不到粉粒后用手轻压成团。

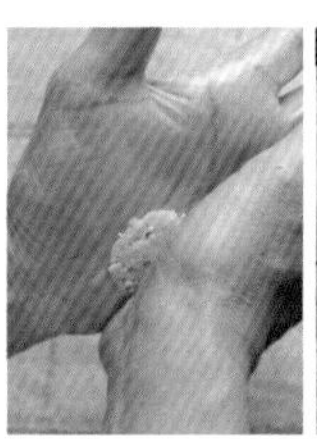
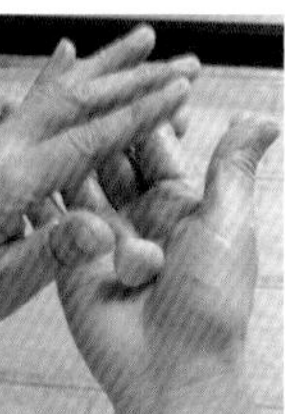
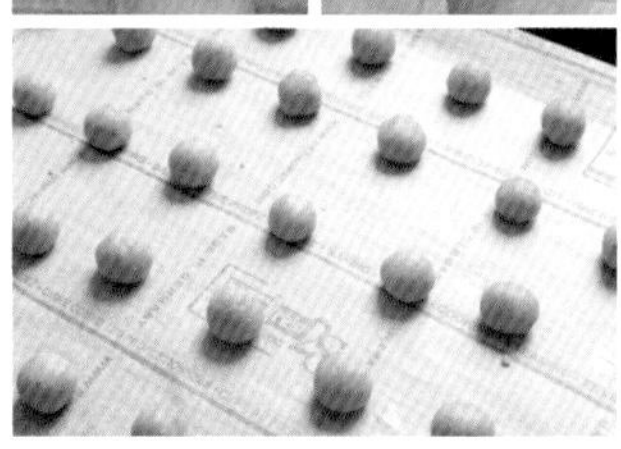

❹将面团等分成3～5g一个，揉圆。不太容易结团，需要一定的技巧。将面团夹在双手手掌心，用大拇指指根部分压扁后再放到掌心处搓圆（不需要手揉法那样搓压→p.69）。

❺放入160℃烤箱烘烤14分钟左右（烘烤程度→p.26）。烤好后依次取出。曲奇大小尺寸不统一的时候需要特别留意。

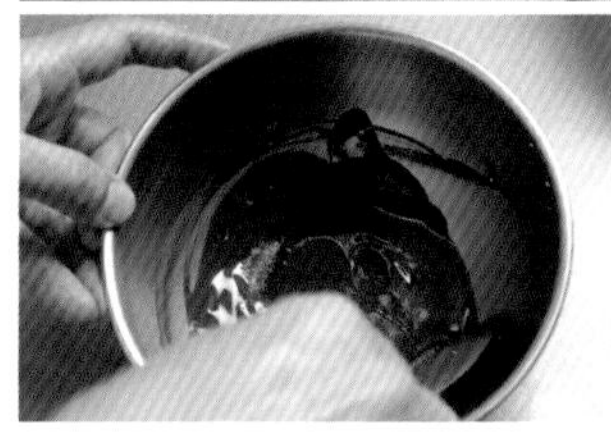

❻切碎的巧克力隔热水融化，温度保持在40～45℃，当温度下降到34℃时加入mycryo纯可可脂粉末，混匀直至出现细腻光泽。装入之前做好的OPP圆锥管内。

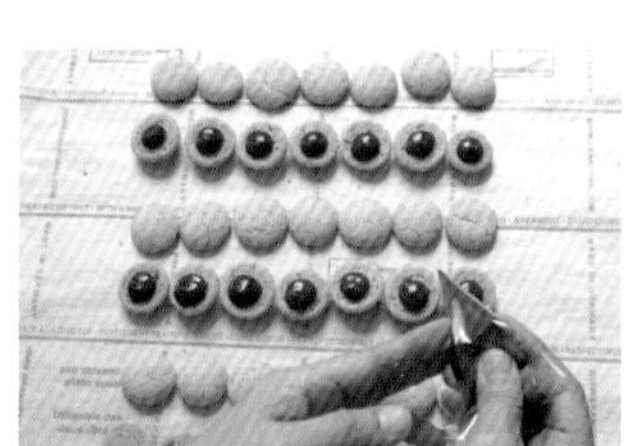

❼待❺完全冷却后，按照大小配好对，把其中一排翻个面紧挨着摆好。将圆锥管前端稍微剪个切口，在翻过面的那排曲奇上依次挤上巧克力。待巧克力快要凝固时盖上另一片夹好。

榛果西班牙小饼

材料（3.3cm×3.7cm的椭圆形切模15个[*1]）

a 黄油………………………………… 30g
└猪油………………………………… 30g
糖粉…………………………………… 54g
肉桂粉…………… 2～3g（1～1½小勺）
低筋小麦粉…………………………… 60g
b 杏仁粉 ………………………………… 10g
└榛子粉[*2] …………………………… 50g

辅料

糖粉………………………………… 适量

*1 φ3.5cm的圆模用手压扁后使用。只要带圆角即可，可以根据自己喜欢选择尺寸。

*2 如果没有，全部换成60g杏仁粉制作。全部用杏仁粉时，建议添加柠檬皮屑，用量为1/5只柠檬的量。

准备工作

- 黄油和猪油软化至20～22℃。
- 低筋小麦粉、糖粉分别过筛。
- 将b混合并用网眼较粗的粉筛过筛。
- 烤盘内铺上烘焙纸。
- 准备好18cm×25cm的塑料袋、高度平衡尺（木棒2根）、擀面棒。
- 烤箱预热至170℃（烘烤温度150℃）。

❶将低筋小麦粉放入平底锅中，开中强火边搅拌边翻炒，等到部分上色后调小火力继续炒7～8分钟，炒成黄豆粉的颜色。铺到纸上凉凉，再次过筛。

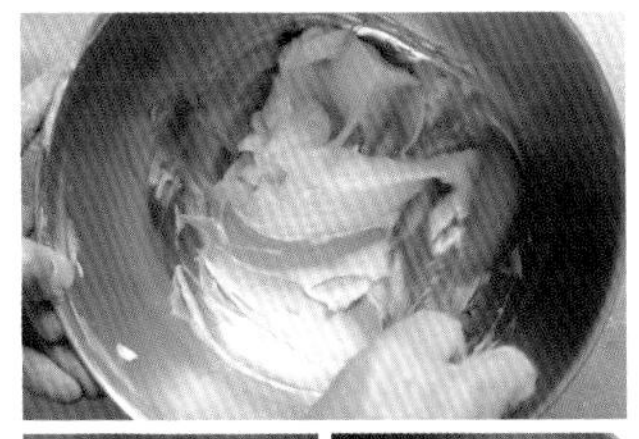

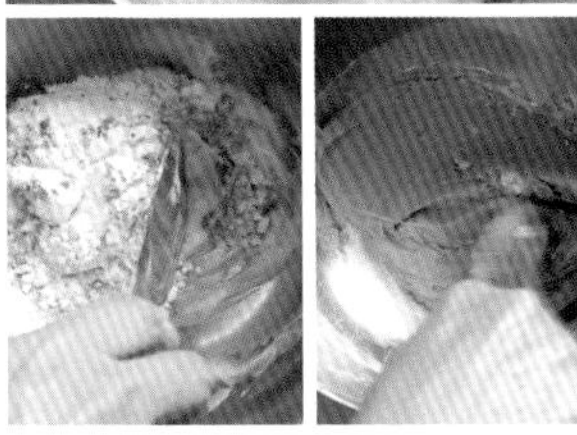

❷将a放入打蛋盆中，用橡胶刮刀拌均匀。加入糖粉及肉桂粉，握住橡胶刮刀手柄下端，搅拌均匀。抹平表面。

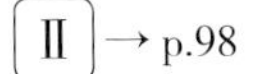

Ⅱ → p.98

用曲奇搅拌法混合

❸将❶中的小麦粉与b混合后加入，用曲奇搅拌法进行混合。虽然要进行结合搅拌，但不用搅成一团。

❹用手拢成团，放入塑料袋中，放到1cm的高度平衡尺之间，用擀面棒推至边边角角都充满面团。擀成约18cm×11cm的大小。放入冰箱冷藏30分钟以上。

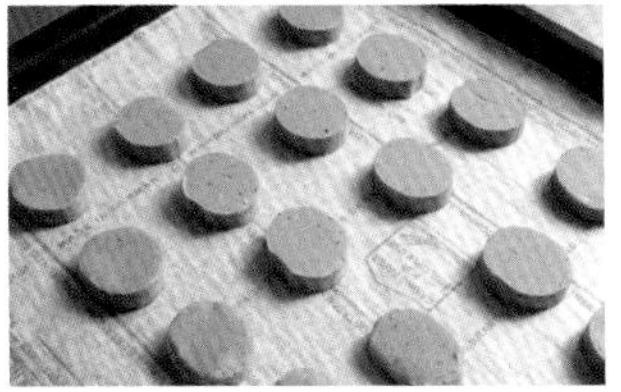

❺将❹放到案板上，去除塑料袋，用切模切取后摆到烤盘上。余下的面团再次拢成团擀成1cm厚，然后按照相同方法操作。

❻放入150℃烤箱内烘烤约13分钟，烤到用手按压不会马上凹陷为止。连同烤盘一起放凉。完全冷却后，紧挨着摆到纸上，用茶筛在上面撒上薄薄一层糖粉。

法式传统曲奇

椰子

材料（18～24个）

黄油	100g
细砂糖（微粒型）	63g
a 低筋小麦粉*	167g
椰蓉	20g
盐	0.6g

辅料

表面用椰蓉	适量

* 想要酥脆口感，建议使用ECRITURE。

准备工作

- 黄油软化至20～22℃。
- **a**中的低筋小麦粉过筛后同椰蓉、盐混合。
- 准备好25cm×35cm的塑料袋、高度平衡尺（木棒2根）、擀面棒。
- 烤箱预热至180℃（烘烤温度160℃）。

❶将黄油与细砂糖放入打蛋盆中，用手握住橡胶刮刀手柄下端，刮刀刀面抵住盆底，以微微压弯前端的力度紧贴盆壁拌动。整体搅拌均匀后，将表面抹平。

Ⅱ → p.98

用曲奇搅拌法混合

❷加入**a**，用曲奇搅拌法混合。搅拌到看不到干粉，整体成芝士粉状态即可。这里不需要进行结合搅拌。

由于粉量比较多，最后过程可以采用p.99中的技巧进行混合。

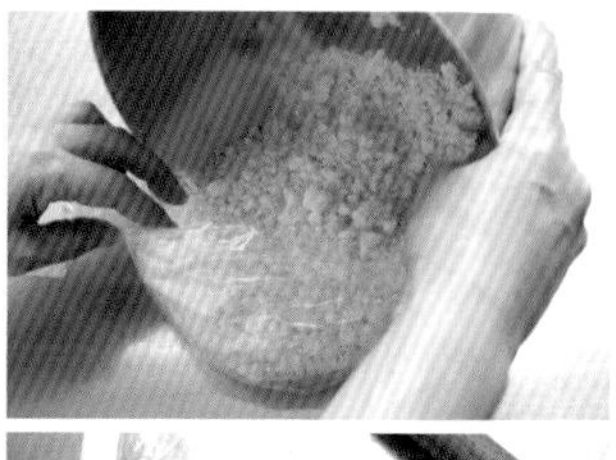

❸将芝士粉状态的面团装入塑料袋。先将塑料袋折小，把有一定厚度的面团用擀面棒擀压使之延展开，放到高度为5mm的平衡尺之间，用擀面棒擀成25cm×21cm大小。放入冰箱冷冻室冷冻到面皮变硬。

高度平衡尺也可以用木条代替。平衡尺尺寸为5mm（厚）×10mm（宽），用起来比较方便。

可以直接冷冻保存。

❹预热烤箱。烤盘内铺上烘焙纸。

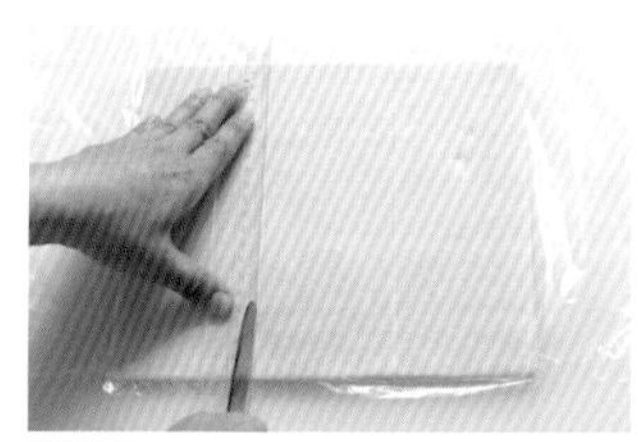

❺将❸趁硬连着塑料袋在长边处3等分，撕掉上面的塑料袋，再在短边平均分割成8～9份。在表面用毛刷刷些水（配方外），撒上椰蓉。为了防止椰蓉掉落，可以在表面轻轻按压一下。

❻摆到烤盘上，放入160℃烤箱内烘烤20～23分钟（烘烤程度→p.26）。放到凉网上冷却。

法式传统曲奇
榛果

材料（18～24片）

黄油	100g
细砂糖（微粒型）	73g
a 低筋小麦粉	160g
盐	0.5g
榛果*	70g

* 榛果用160℃烤箱烘烤约20分钟，放入食物料理机中打成粉。

也可以用腰果、花生、杏仁片、芝麻等代替榛果（芝麻不需要打碎，可以直接使用）。

法式传统曲奇
脆片

材料（18～24片）

黄油	100g
细砂糖（微粒型）	25g
黄糖	60g
杏仁粉	70g
a 低筋小麦粉	120g
脆片*	30g

* 配方中的脆片用的是可可百利公司的pailleté feuilletine薄脆片。也可以用玉米脆片代替。

图中是脆片。

做法参照椰子味法式传统曲奇（左页）。脆片酥饼的做法，是在步骤❶中加入细砂糖、黄糖、杏仁粉。无论榛果味法式传统曲奇还是脆片法式传统曲奇，都是在步骤❷中加入**a**，用曲奇搅拌法进行混合。整形成5mm厚，24cm×（23～25）cm大小。烘烤方法跟椰子味的相同。

树桩曲奇

把黄油含量较高的面团切成厚片烘烤，烤后形成下宽上窄的形状。
名字便是从这可爱的形状得来的。
嘎嘣一下咬开后快速碎开，浓郁的奶香也随之在口中蔓延开来。
做法→p.50

冰曲奇

核桃

面团本身良好的口感，将核桃的味道发挥得淋漓尽致。
温和的风味以及黄油馥郁的香味让人久久不能忘怀。
大量核桃的加入使得口感更加丰富，是值得推荐的一款冰曲奇。
做法→p.51

冰曲奇

巧克力、荞麦茶椰子/芝麻、红茶/香草

巧克力口味使用的是法国产的可可粉以及可可脂成分较高的调温巧克力，口感深厚、回味深长。巧克力口味以外的面团配方相同，一次可以做成2种口味。

做法→巧克力p.52，荞麦茶椰子/芝麻、红茶/香草p.53

冰曲奇

米粉、荞麦粉

在小麦粉中混合了上新粉或荞麦粉的冰曲奇。
不同颗粒大小的粉粒能让口感变得更加酥松。
米粉冰曲奇带有淡淡的柠檬香气，而荞麦粉冰曲奇则透着丝丝荞麦清香。
做法→米粉p.54，荞麦粉p.55

方格曲奇

抹茶/黄豆粉

一口咬开便会整体松化的一款曲奇，口感很独特。
控制了面团本身的甜度。外层裹上满满的跟黄油超搭的和风糖粉。
做法→p.56

三角曲奇

夏威夷果/焙茶

切成三角形状烘烤，边缘部分金黄香脆，膨胀的中心部分口感酥软，黄油香味浓郁，能够品味到风味的变化及层次感。外形看起来很普通，口感却意外酥松。最新款的热门曲奇，一块面团可以同时做成2种风味。

做法→p.58

树桩曲奇

材料（约30个）

黄油…… 100g
糖粉…… 35g
低筋小麦粉* …… 138g
盐…… 0.2g

辅料

细砂糖（微粒型）…… 适量

* 想要轻盈酥松的口感，建议使用ECRITURE。

准备工作

- 黄油软化至21～23℃。
- 低筋小麦粉过筛。
- 裁剪两张30cm×15cm的白色烘焙纸。
- 烤箱预热至180℃（烘烤温度160℃）。

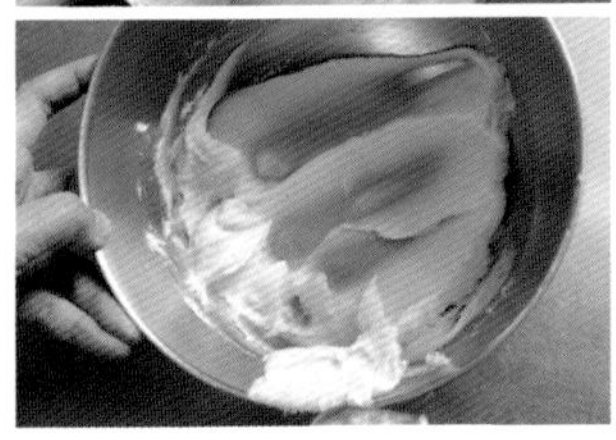

❶将黄油与糖粉放入打蛋盆中，握住橡胶刮刀手柄下端，抵在盆底，以微微压弯前端的力度紧贴盆底搅拌，注意搅拌过程中不要混入空气。表面抹平整。

Ⅱ → p.98

用曲奇搅拌法混合

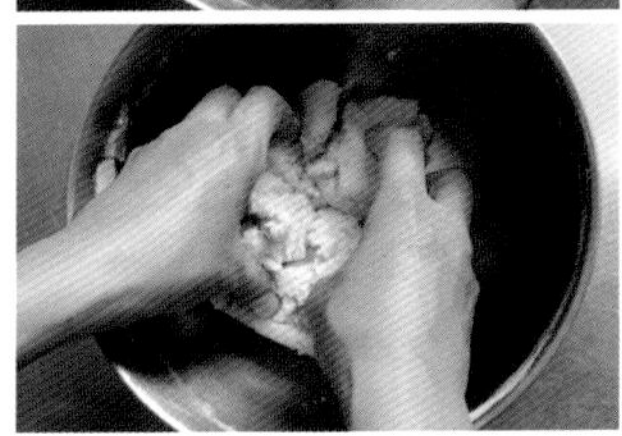

❷过完筛的粉再次筛入，加入盐，用曲奇搅拌法进行混合。经结合搅拌后虽然结团，但仍处于松散的状态，需要用手整成团后再取出。

Ⅲ → p.100

用mitten流压拌法混合

❸将面团称量后等分成2份，分别进行压拌。压拌的要点是不能过度。延展的时候操作台上保留约5mm厚的面团，每3cm碾压一次，次数尽量少。

❹参考冰曲奇/柠檬（p.22），将面团分别搓成30cm长的条状，包上裁剪好的白色烘焙纸整理好形状。放入冰箱内冷藏1小时，或者冷冻30分钟以上，冷却到方便切割的硬度为止。

冷藏或者冷冻的保存时间跟冰曲奇/柠檬（p.22）一样。

❺预热烤箱。烤盘内铺上烘焙纸。将辅料中的细砂糖在烘焙纸上铺开，拿掉面团外面包裹的烘焙纸，将面团放到细砂糖上来回搓动几下，使表面均匀裹上细砂糖并抖掉多余的部分。每2cm宽切一刀，分割成15份。因为烘烤过程中底部会扩展，摆入烤盘时每个之间要隔开一定距离。

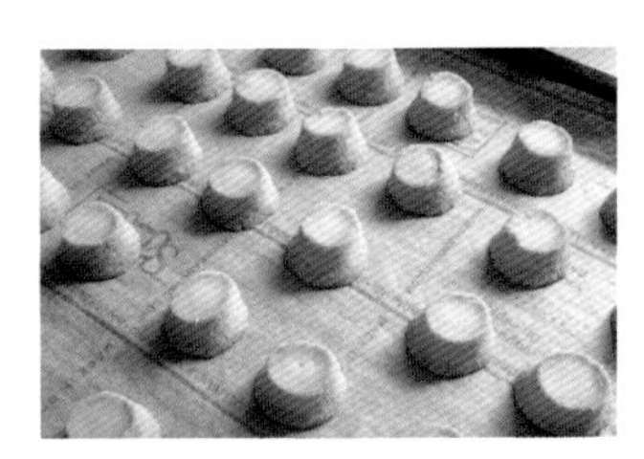

❻放入160℃烤箱内烘烤24～27分钟（烘烤程度→p.26）。放到凉网上冷却。

冰曲奇

核桃

材料（约46个）

黄油…………………………… 100g
细砂糖（微粒型） ………… 50g
盐………………………………… 0.2g
蛋黄……………………………… 9g
蛋白……………………………… 7g
低筋小麦粉…………………… 150g
核桃…………………………… 90g

辅料

黄糖…………………………… 适量

低筋小麦粉如果用紫罗兰的，要将配方中蛋白去掉，蛋黄改成16g。

准备工作

- 黄油软化至21～23℃。
- 蛋黄与蛋白充分混合，温度调整至20～22℃。
- 低筋小麦粉过筛。
- 准备两张30cm×15cm的白色烘焙纸。
- 核桃切成1cm的小丁。
- 烤箱预热至190℃（烘烤温度170℃）。

Ⅰ → p.97

用打发搅拌法混合

❶将黄油、细砂糖、盐放入打蛋盆中，打发搅拌。蛋液分2次加入，每次加入后打发，抹平表面。

Ⅱ → p.98

用曲奇搅拌法混合

❷将过完筛的粉类再次筛入，用曲奇搅拌法进行混合。接着用结合搅拌法搅拌成团。

Ⅲ → p.100

用mitten流压拌法混合

❸面团称量后分成2等份，分别进行压拌。

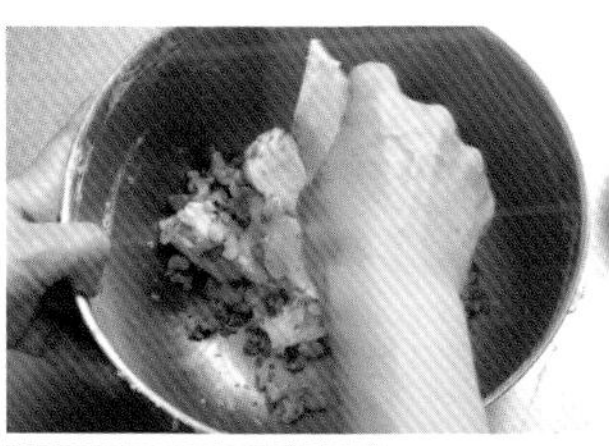

❹将面团放入打蛋盆中，加入一半的核桃（45g），用刮板以切的方式拌进面团。即使分布不均匀，也没问题。尽量把核桃都按入面团中，然后整成团。剩下的另一块面团按照同样方法操作。

❺参考冰曲奇/柠檬（p.22），将面团搓成30cm长的条状，包上白色烘焙纸，边搓动边调整形状。放入冰箱内冷藏1小时，或者冷冻30分钟以上，冷却到方便切割的硬度为止。

冷藏或者冷冻的保存时间同冰曲奇/柠檬（p.22）一样。

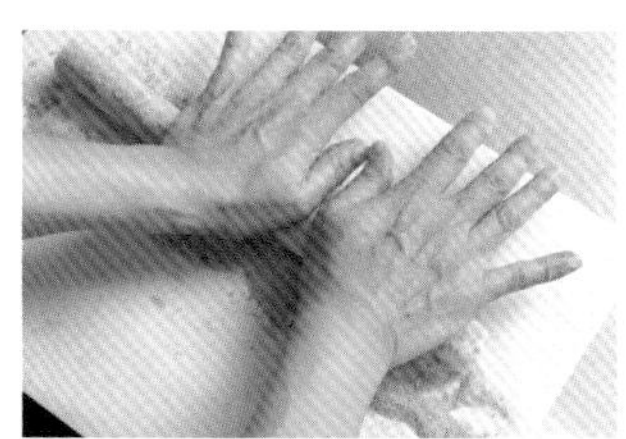

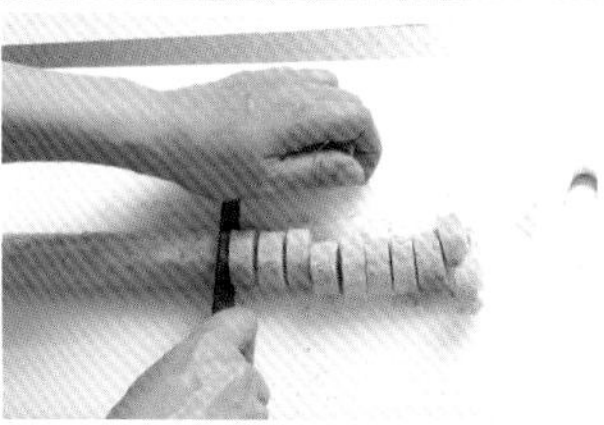

❻预热烤箱。烤盘内铺上烘焙纸。将辅料中的黄糖放到纸上铺开，拿掉面团外面包裹的烘焙纸，将面团放到黄糖上来回搓动几下，使表面均匀裹上黄糖并轻轻抖掉多余的部分。每1.3cm宽切一刀，分割成23份。间隔一定距离摆入烤盘中。

❼放入170℃烤箱内烘烤20分钟左右（烘烤程度→p.26）。放到凉网上冷却。

冰曲奇

巧克力

材料（约46个）

黄油…………………………… 100g

a 细砂糖（微粒型）……… 35g

　黄糖……………………… 35g

　盐………………………… 1.3g

蛋黄…………………………… 9g

蛋白…………………………… 7g

b 低筋小麦粉 …………… 120g

　可可粉[*1] ………………… 25g

　肉桂粉……………………… 4g

调温巧克力（可可含量70%[*2]）

………………………………… 90g

辅料

黄糖…………………………… 适量

*1 使用PECQ（法国品牌）可可粉。

*2 使用法芙娜系列的瓜纳拉。

如果小麦粉用紫罗兰的，将配方中蛋白去掉，蛋黄改为16g。

准备工作

- 黄油软化至21～23℃。
- **a**中材料混合。
- 蛋黄与蛋白充分混合，温度调整至20～22℃
- 将**b**混合并过筛。
- 准备两张30cm×15cm的烘焙纸。
- 烤箱预热至180℃（烘烤温度160℃）。

❶将巧克力切成5～8mm的丁块。

如果质地较硬不好切，可以用微波炉稍稍加热一下再切。这样也可以避免切割时粉屑掉落，减少浪费。

Ⅰ → p.97

用打发搅拌法混合

❷将黄油及**a**放入打蛋盆中，用打发搅拌法搅拌。蛋液分2次加入，每次加入后打发搅拌，并抹平表面。

Ⅱ → p.98

用曲奇搅拌法混合

❸将过完筛的**b**再次过筛加入，用曲奇搅拌法混合。接着进行结合搅拌使其成团。

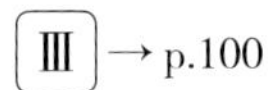
Ⅲ → p.100

用mitten流压拌法混合

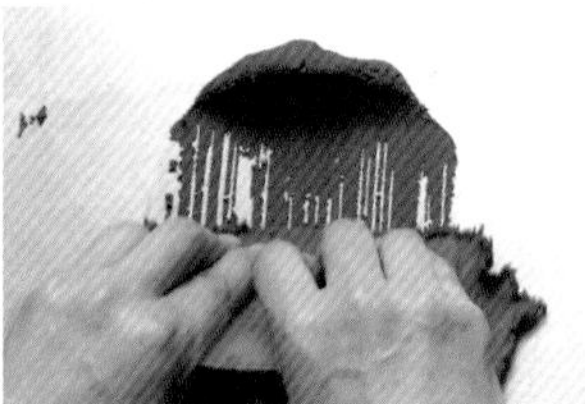

❹将面团称量后分成2等份，分别进行mitten流压拌。

面团比较细滑，不容易延展开。被扯断也没关系，按照基本的操作进行即可。

❺将面团放入打蛋盆中，加入一半切碎的巧克力（45g），用刮板以切的方式拌进面团。把巧克力裹入面团后整成一团。另一份面团按照相同方法操作。

❻参考冰曲奇/柠檬（p.22），将面团搓成30cm长的条状，包上白色烘焙纸，边搓动边调整形状。放入冰箱内冷藏1小时，或者冷冻30分钟以上，冷却到方便切割的硬度为止。

冷藏或者冷冻的保存时间跟冰曲奇/柠檬（p.22）一样。

加入巧克力后面团会变干，之后的操作要快速进行。

❼预热烤箱。烤盘内铺上烘焙纸。将辅料中的黄糖放到纸上铺开，拿掉面团外面包裹的白色烘焙纸，将面团放到黄糖上来回搓动几下，让表面均匀裹上黄糖并抖掉多余的部分。按每1.3cm宽切一刀，分割成23份，间隔一定距离摆入烤盘中。

❽放入160℃烤箱内烘烤22分钟左右。因为不好判断上色程度，表面烤干后用手指轻轻按一下，没有马上凹陷就可以出炉。放到凉网上冷却。

冰曲奇

荞麦茶椰子/芝麻

材料（36～38个）

黄油……………………………… 100g
细砂糖（微粒型）…………… 45g
蛋黄………………………………… 9g
蛋白………………………………… 7g
低筋小麦粉…………………… 150g
a 荞麦茶………… 约16g（2大勺）
└ 椰蓉…………… 约12g（2大勺）
或者
b 熟白芝麻* ………………… 30g

辅料

细砂糖（普通颗粒型）……… 适量

* 水洗芝麻要炒熟后再使用。

低筋小麦粉如果用紫罗兰的，将配方中蛋白去掉，蛋黄改为16g。

准备工作

- 黄油软化至21～23℃。
- 蛋黄与蛋白充分混合，温度调整至20～22℃。
- 低筋小麦粉过筛。
- 准备两张23cm×15cm的白色烘焙纸。

❶面团的做法及整形方法跟冰曲奇/柠檬（p.22）一样。荞麦茶椰子口味的加入**a**，芝麻口味的加入**b**，混合方法与冰曲奇/核桃（p.51）相同。如果一次要制作2种口味，将**a**与**b**的用量分别减半后加入。

❷从冷藏到烘烤的步骤都跟冰曲奇柠檬相同。表面裹上细砂糖，按每个约1.2cm的宽度进行切割。

❸放入170℃烤箱内（预热190℃）烘烤20分钟左右（烘烤程度→p.26）。放到凉网上冷却。

冰曲奇

红茶/香草

材料（36～38个）

黄油……………………………… 100g
细砂糖（微粒型）…………… 45g
蛋黄………………………………… 9g
蛋白………………………………… 7g
低筋小麦粉…………………… 150g
a 伯爵茶茶叶……………… 5～6g
或者
b 百里香、迷迭香叶子
│…… 共计3g（或者单加百里香2g、
└ 单加迷迭香3g）

辅料

细砂糖（普通颗粒型）……… 适量

低筋小麦粉如果用紫罗兰的，将配方中蛋白去掉，蛋黄改为16g。

准备工作

- 黄油软化至21～23℃。
- 蛋黄与蛋白充分混合，温度调整至20～22℃。
- 低筋小麦粉过筛。
- 准备两张23cm×15cm的白色烘焙纸。

❶**a**中茶叶放入研磨钵中磨成2～3mm大小。**b**中的百里香、迷迭香叶子切成3～4mm大小。

❷面团的做法及整形方法跟冰曲奇/柠檬（p.22）一样。用❶中的红茶或者香草替换柠檬加入，如果一次制作2种口味，**a**与**b**的用量分别减半。

❸从冷藏到烘烤的步骤都与冰曲奇/柠檬相同。表面裹上细砂糖，按每个约1.2cm的宽度进行切割。

❹放入170℃烤箱内（预热190℃）烘烤20分钟左右（烘烤程度→p.26）。放到凉网上冷却。

冰曲奇

米粉

材料（24～26个）

黄油…………………………… 100g

a 细砂糖（微粒型）……… 40g

└盐………………………… 0.2g

b 低筋小麦粉 …………… 100g

└上新粉…………………… 60g

柠檬皮屑………………1/5只的量

辅料

细砂糖（普通颗粒型）…… 适量

准备工作

- 黄油软化至21～23℃。
- 将**a**混合均匀。
- 将**b**混合后过筛。
- 准备两张15cm×15cm的白色烘焙纸。
- 烤箱预热至190℃（烘烤温度170℃）。

Ⅰ → p.97

用打发搅拌法混合

❶将黄油及**a**放入打蛋盆中，用打发搅拌法搅打1分30秒左右。表面抹平。

Ⅱ → p.98

用曲奇搅拌法混合

❷将过完筛的**b**再次过筛加入❶中，再加入柠檬皮屑，用曲奇搅拌法混合。接着用结合搅拌法将其整理成团。

粉粒容易残留，最后可以用p.99中的技巧进行混合。

Ⅲ → p.100

用mitten流压拌法混合

❸将面团称量后分成2等份，分别进行mitten流压拌。

面团比较细滑，不容易延展。中间如果被扯断也没关系，按照基本操作进行即可。

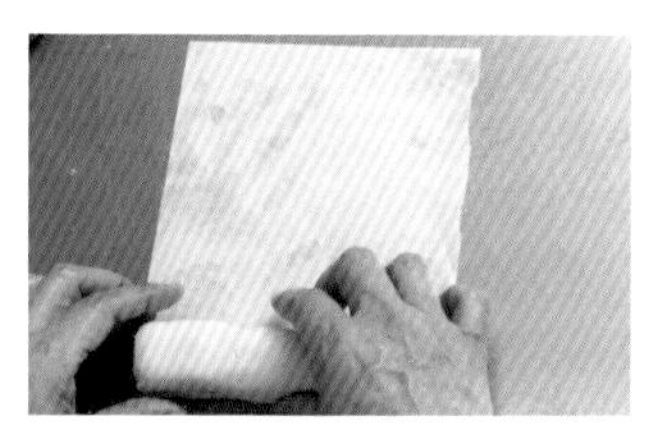

❹参考冰曲奇/柠檬（p.22），将面团搓成15cm长的条状，包上白色焙烘纸，边搓动边调整形状。放入冰箱内冷藏1小时，或者冷冻30分钟以上，冷却到方便切割的硬度为止。

冷藏或者冷冻的保存时间跟冰曲奇/柠檬（p.22）一样。

因为搓成较粗的圆柱形，长度变短了冷却时间也相应缩短。

❺预热烤箱。烤盘内铺上烘焙纸。将辅料中的细砂糖放到纸上铺开，拿掉面团外面包裹的白色烘焙纸，将面团放到细砂糖上来回搓动几下，使表面均匀裹上细砂糖并抖掉多余的部分。按每1.2cm宽切一刀，分割成12～13份，间隔一定距离摆入烤盘中。

❻放入170℃烤箱内烘烤25分钟左右（烘烤程度→p.26）。放到凉网上冷却。

冰曲奇
荞麦粉

材料（24～26个）

黄油……………………………… 100g
a 细砂糖（微粒型） ……………… 40g
└盐……………………………… 0.2g
b 低筋小麦粉 …………………… 90g
└荞麦粉…………………………… 70g

辅料

细砂糖（普通颗粒型） ……… 适量

准备工作

- 黄油软化至21～23℃。
- 将**a**混合均匀。
- 将**b**混合后过筛。
- 准备两张15cm×15cm的白色烘焙纸。
- 烤箱预热至190℃（烘烤温度170℃）。

❶打发搅拌、曲奇搅拌、mitten流压拌的操作与冰曲奇/米粉（左页）相同。

❷参考冰曲奇/柠檬（p.22），将面团搓成15cm长的条状，包上白色烘焙纸，边搓动边调整形状。放入冰箱内冷藏1小时，或者冷冻30分钟以上，冷却到方便切割的硬度为止。

冷藏或者冷冻的保存时间跟冰曲奇/柠檬（p.22）一样。

❸预热烤箱。烤盘内铺上烘焙纸。将辅料中的细砂糖放到烘焙纸上铺开，拿掉面团外面包裹的白色烘焙纸，将面团放到细砂糖上来回搓动几下，使表面均匀裹上细砂糖并抖掉多余的部分。按每1.2cm宽切一刀，分割成12～13份，间隔一定距离摆入烤盘中。

❹放入170℃烤箱内烘烤25分钟左右（烘烤程度→p.26）。放到凉网上冷却。

方格曲奇
抹茶

材料（40个）

黄油…………………………100g
糖粉…………………………31g
盐……………………………0.2g
杏仁粉………………………44g
a 低筋小麦粉[*1] ……………138g
└抹茶粉[*2] …………………3.5g

辅料

糖粉…………………………29g
抹茶…………………………3g

*1 想要突出松化口感，建议使用ECRITURE。

*2 不推荐使用烘焙用的抹茶，使用口味略清淡的冲泡抹茶风味较佳。

准备工作

- 黄油软化至21～23℃。
- 将**a**一同混合过筛，糖粉也过筛。
- 杏仁粉用粗目筛过筛。
- 准备好18cm×25cm的塑料袋、高度平衡尺（木棒2根）、擀面棒。
- 烤箱预热至180℃（烘烤温度160℃）。

Ⅰ → p.97

用打发搅拌法混合

❶将黄油及糖粉、盐一起放入打蛋盆中，用打发搅拌法混合（1分30秒左右）。抹平表面。

❷加入杏仁粉，用橡胶刮刀搅拌到整体均匀。

Ⅱ → p.98

用曲奇搅拌法混合

❸将过完筛的**a**再次过筛加入，用曲奇搅拌法进行混合。接着用结合搅拌法将其整理成团。

Ⅲ → p.100

用mitten流压拌法混合

❹将面团称量后分成2等份，分别进行mitten流压拌。

❺将两块面团一同放入塑料袋中，放到1.5cm高的平衡尺之间，用擀面棒推至塑料袋的边角处都充满面团。擀成约18cm×11cm大小。放入冰箱内冷藏1小时以上。

也可以用木条来代替平衡尺。

❻预热烤箱，烤盘内铺上烘焙纸。

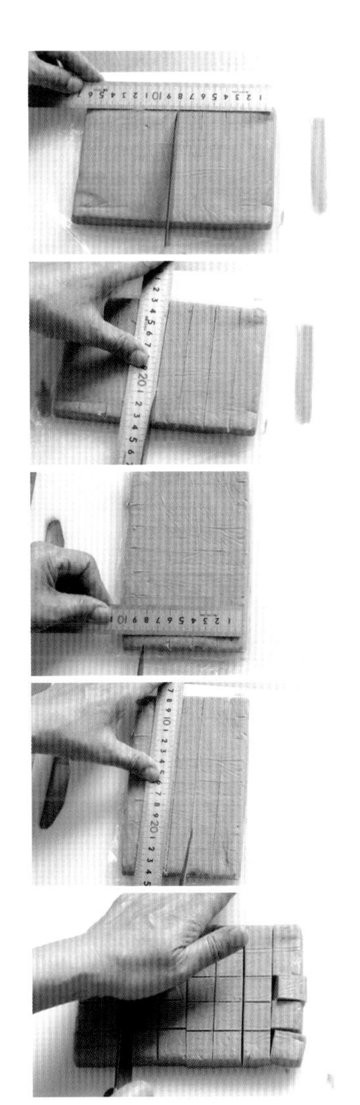

❼将❺中塑料袋剪开，把面团四边切整齐。上下每2cm标上印记，用直尺浅浅地画上分割线。旋转90°，继续同样操作，然后按照分割线分切成2cm的正方形。

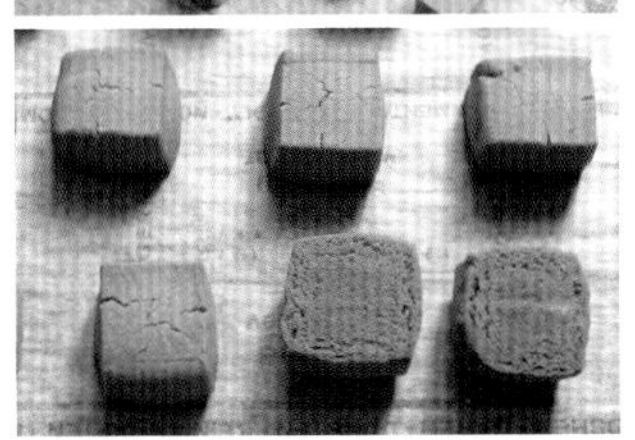

❽摆到烤盘上，放入160℃烤箱内烘烤25～27分钟，烤到边缘微微上色、底面完全上色为止。放到不烫手后，移到凉网上冷却，之后放入冰箱内冷藏10分钟左右。

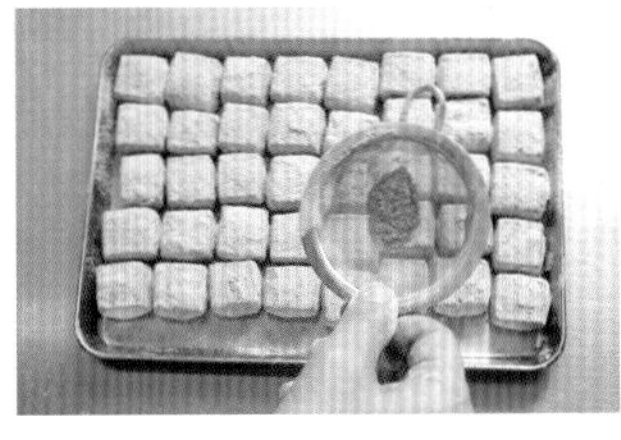

❾将辅料中的糖粉与抹茶混合过筛，倒进盆中，再放入❽，使其裹上抹茶糖粉。重新摆放到纸上或托盘中，将盆中剩余的糖粉撒到表面。

方格曲奇 黄豆粉

做法与抹茶味（左页）相同。**a**改为低筋小麦粉125g、黄豆粉16g，辅料改为糖粉22g、黄豆粉6g，烘烤时间变为22～25分钟。完全冷却后，按同样方式裹上混合过筛后的糖粉与黄豆粉，多余的撒到表面。

三角曲奇

夏威夷果/焙茶

材料（32～36个）

黄油…………………………… 100g
糖粉…………………………… 40g
a 低筋小麦粉……………… 110g
└玉米淀粉…………………… 28g
杏仁粉………………………… 20g
夏威夷果……………………… 30g
焙茶…………………………… 2g

夏威夷果口味用辅料

糖粉…………………………… 适量

焙茶味用辅料

糖粉…………………………… 适量
焙茶…………………………… 适量

此配方是一半夏威夷果口味、一半焙茶口味的用量。如果要做成单一口味，将夏威夷果或焙茶的量翻倍加入面团。

准备工作

- 黄油软化至21～23℃。
- 将**a**一同过筛。糖粉也过筛。
- 杏仁粉用粗目筛过筛。
- 准备好高度平衡尺（木棒2根）、擀面棒。
- 烤箱预热至180℃（烘烤温度160℃）。

❶将夏威夷果放入160℃烤箱中烘烤10分钟左右，每粒切成4等份。焙茶包括辅料用的部分一起用研磨钵磨细，称取出2g备用，其余的用作辅料。

Ⅰ →p.97

用打发搅拌法混合

❷将黄油及糖粉一起放入打蛋盆中，用打发搅拌法搅打1分30秒左右。抹平表面。

Ⅱ →p.98

用曲奇搅拌法混合

❸将过完筛的**a**再次过筛加入，加入杏仁粉，用曲奇搅拌法混合。接着用结合搅拌法将其整理成团。

Ⅲ →p.100

用mitten流压拌法混合

❹将面团称量后分成2等份，取一份做成夏威夷果口味，加入坚果前先对面团进行mitten流压拌（进入做法❺）。另一份面团加入焙茶，以切的方式混合后再进行mitten流压拌。加入焙茶之后面团不易延展，容易扯断，按照mitten流压拌法的基本操作进行即可。

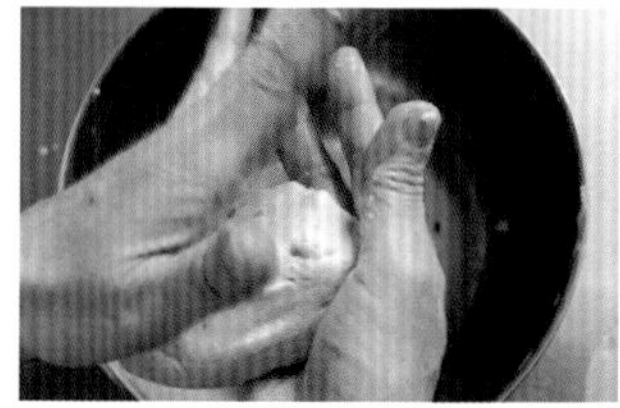

❺将压拌好的面团放入盆中，加入夏威夷果。用刮板以切的方式稍微混合，用手将果粒按进面团并揉成一团。

❻面团分别用保鲜膜包好，放到两根高度平衡尺之间，然后用擀面棒擀成2cm厚的正方形。放入冰箱内冷藏1.5小时，冷冻40分钟以上，冷却成方便切割的硬度。

❼烤箱预热。烤盘内铺上烘焙纸。

❽将面团9等分切成四边形，每块再沿对角线方向等分成三角形。摆入烤盘，放入160℃烤箱中烘烤25～28分钟（烘烤程度→p.26）。

❾完全冷却后均匀撒上糖粉，底面也要沾上糖粉。

第二天以后再享用。

用 Ⅰ 打发搅拌法进一步打发 + Ⅱ 曲奇搅拌法 + Ⅲ mitten流压拌法制作的曲奇

意式脆饼

孜然杏仁/核桃无花果

在日本也称作意大利坚果饼干。
是意大利托斯卡纳地区的传统点心。
在当地也有一种口感比较松软的版本。
为了还原那个味道，我反复尝试后得到了这款质地细腻、口感酥脆轻盈的饼干。制作要点是二次烘烤的时候，不要切口朝上烘烤。
孜然风味是mitten的特色口味。
做法→p.60

意式脆饼

孜然杏仁

材料（54～60个）

黄油（发酵） ……………… 30g
黄油（非发酵） …………… 30g
细砂糖（微粒型） ………… 92g
香草膏………… 1g（约1/6小勺[*1]）
盐…………………………… 0.4g
鸡蛋………………………… 48g
a 低筋小麦粉[*2] …………… 180g
└泡打粉…………………… 7.2g
孜然………………………… 7g
杏仁………………………… 88g
b 蛋白 …………………… 10g
└细砂糖（微粒型） ……… 2g

*1 或者用0.2g香草荚。
*2 想要酥松口感，可以使用ECRITURE。

准备工作

- 准备两种黄油，软化至23～24℃备用。
- 鸡蛋回温至20～22℃。
- 将**a**混合后过筛。
- 将**b**搅拌均匀。
- 准备φ21cm的打蛋盆。
- 烤盘内铺上烘焙纸。
- 烤箱预热至200℃（烘烤温度180℃）。
- 杏仁放入160℃烤箱内烘烤20分钟左右。

Ⅰ → p.97

用打发搅拌法混合

要注意黄油的温度及打发时间。

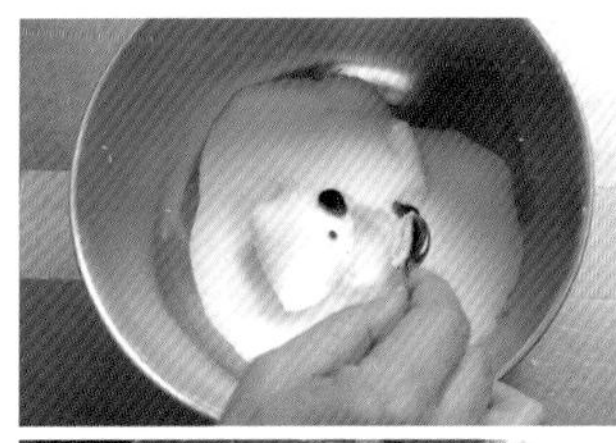

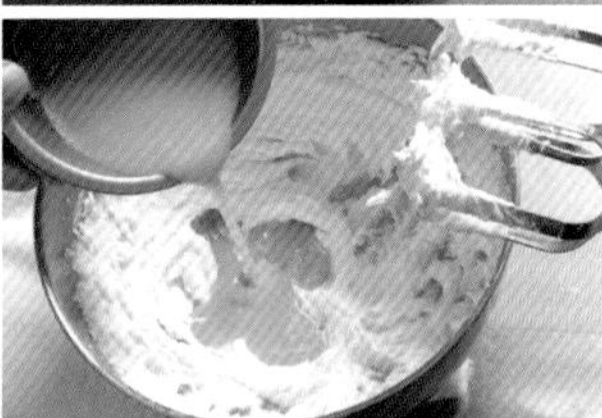

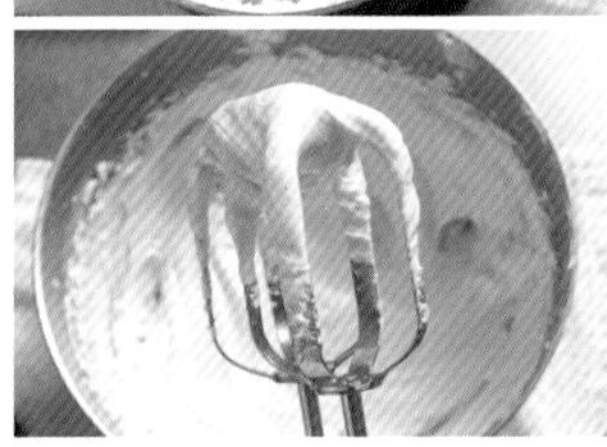

❶将黄油及细砂糖、香草膏、盐一起放入打蛋盆中，用电动打蛋器打发3分30秒～4分30秒。将鸡蛋分3次加入，每次加入后打发搅拌1分30秒左右。期间黄油的温度要保持在23～24℃（气温较低时可以在盆外用吹风机吹热风来保持温度）。打发到黏稠顺滑的状态。抹平表面。

Ⅱ → p.98

用曲奇搅拌法混合

❷过完筛的**a**再次过筛加入，加入孜然，用曲奇搅拌法搅拌。由于面团较为湿软很容易结团，这里不需要进行结合搅拌，从盆底翻起将其整成一团。

Ⅲ → p.100

用mitten流压拌法混合

❸将面团称量后分成3等份，分别进行mitten流压拌。

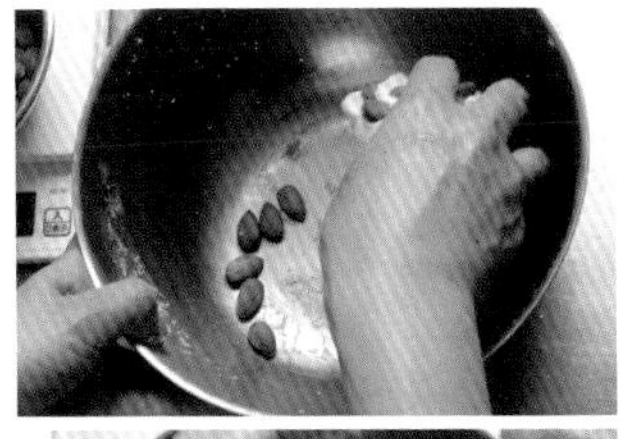

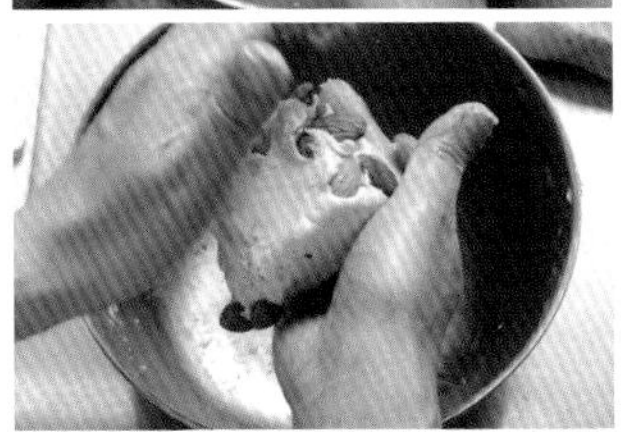

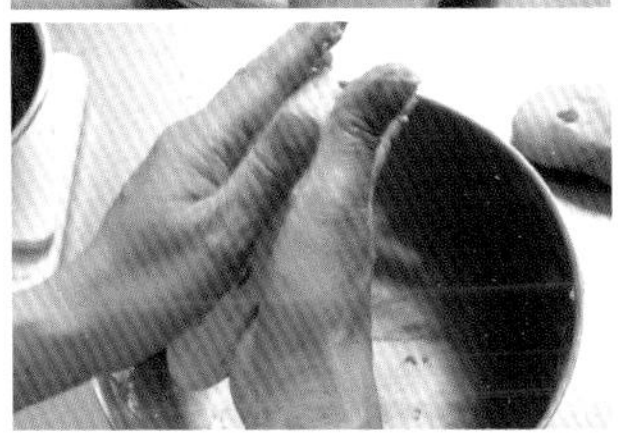

❹将分成3等份的杏仁分别加到面团中混合。拿到手中，将杏仁揉入面团并搓成细长条。

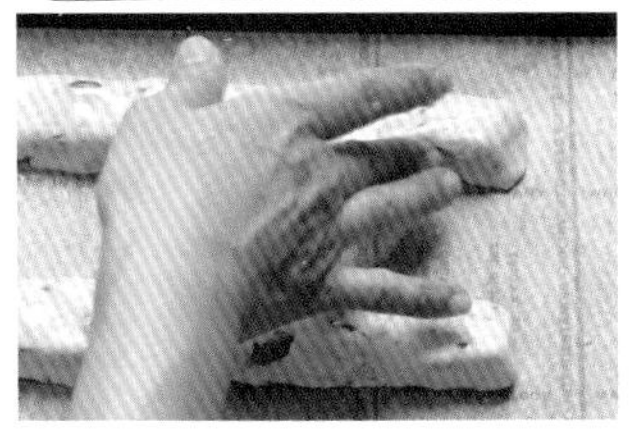

❺将面团分别调整成28～30cm的棒状，间隔一定距离摆入烤盘。此时如果杏仁分布参差不齐，可以从较多的地方取下来补到较少处并按入面团中。面团的表面和侧面用手抹上**b**。

❻放入180℃烤箱内烘烤24～25分钟。整体微微上色后从烤箱中取出，连同烤盘一起静置5分钟。

❼趁热放到案板上，按每片1.5cm宽斜向切片。重新摆入烤盘，每片之间拉开一定距离。注意饼干要立着放，不能倒下。

❽放入温度降至150℃的烤箱中烘烤6分钟。出炉后连同烤盘一起放凉。

刚出炉的状态是湿软的，冷却后口感会变酥脆。

意式脆饼

核桃无花果

材料（54～60个）

黄油（发酵）…………………… 30g
黄油（非发酵）………………… 30g
细砂糖（微粒型）……………… 92g
香草膏……………… 1g（约1/6小勺*）
盐………………………………… 0.4g
鸡蛋……………………………… 48g
a 低筋小麦粉……………………180g
└泡打粉………………………… 7.2g
核桃……………………………… 65g
无花果干（或半干状态的）……… 80g
b 蛋白 ………………………… 10g
└细砂糖（微粒型）………………2g

* 或者用0.2g香草荚。

准备工作

- 与孜然杏仁风味（p.60）相同。
- 核桃切成约1cm大小。
- 无花果干切成约1.5cm的丁状。

做法与孜然杏仁风味（p.60）相同，不要放孜然，mitten流压拌后加入核桃与无花果，按照相同方法操作。

Mitten's Lesson

进阶技巧 Advanced Techniques

用 Ⅲ mitten流压拌法 的变换方式制作的曲奇

在本书中，把最后阶段对面团施以适当压力，调整质地组织，细化气泡的工序统称为压拌。这里介绍的2种压拌法虽然形式不同，但效果是一样的。里面还涵盖了针对熟练者难度系数稍高的手法，书中对各操作步骤都做了详细解说，大家可以试着挑战一下。

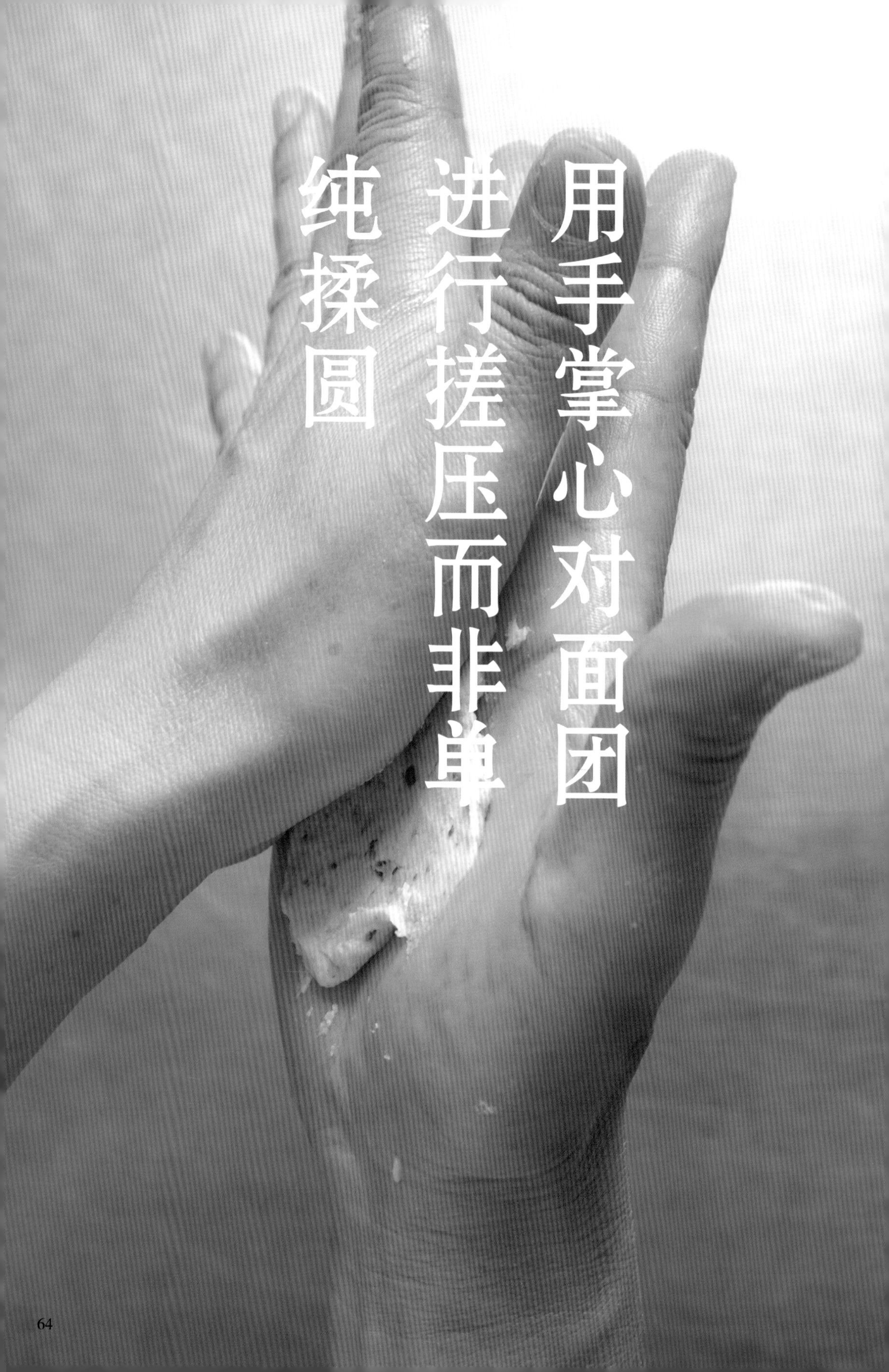

用手掌心对面团进行搓压而非单纯揉圆

Ⅲ-1 手揉法

mitten流压拌法（p.15）的变换形式之一是用手搓压的手揉法。张开手掌将面团压扁，揉搓7～8次。你可能会担心损伤面团或者揉出筋，但不可思议的是，通过这种方式加压后的面团质地更细腻，成品口感更酥松轻盈。味道浓缩后风味更加突出。本书中手揉法是与mitten流压拌法结合使用的，这一点请大家牢记。

体验手揉法的效果

碧根果球

面团组织绵密、黄油风味浓郁，口感细腻，坚果的嚼劲与香味得以彰显。

不混入空气式的搅拌，再配合mitten流压拌法及手揉法。即使家庭烘焙，也同样可以再现oven mitten店里的人气曲奇。

来看一下对比结果！

经过搓压的面团不粘手，未经搓压，只是单纯揉圆的面团粘手。

不要揉成团，揉成团的面团会发黏，颜色也比较深。

烤后切面没有空隙，质地细腻紧密。烤后微微塌陷变扁，切面有气孔。

能充分烘托坚果的口感。风味不突出，口感比较粗糙，松化效果不佳。

碧根果球

材料（约20个）

黄油（发酵）	50g
黄油（非发酵）	50g
细砂糖（微粒型）	31g
盐	0.5g
低筋小麦粉	140g
碧根果	56g

辅料

糖粉	适量

准备工作

- 2种黄油分别软化至19～20℃。
- 低筋小麦粉过筛。
- 烤盘内铺上烘焙纸。
- 烤箱预热至190℃（烘烤温度170℃）。

准备好坚果

❶碧根果放入约160℃的烤箱内烘烤16～17分钟，切成3～5mm的碎丁。

不混入空气式搅拌

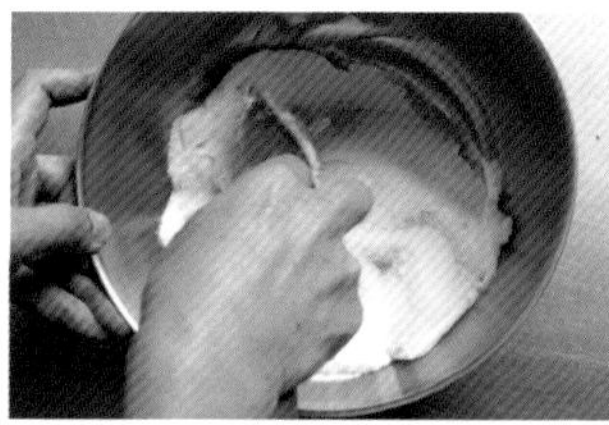

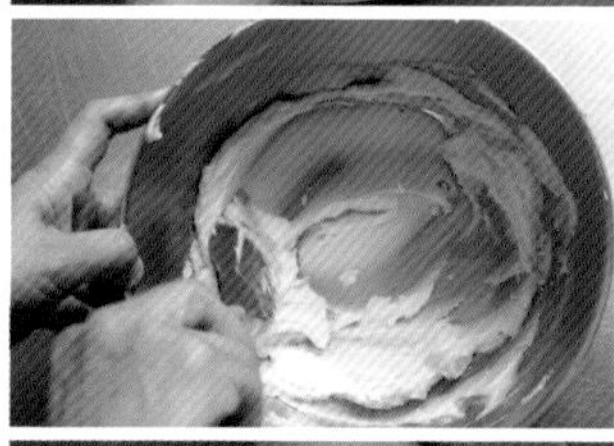

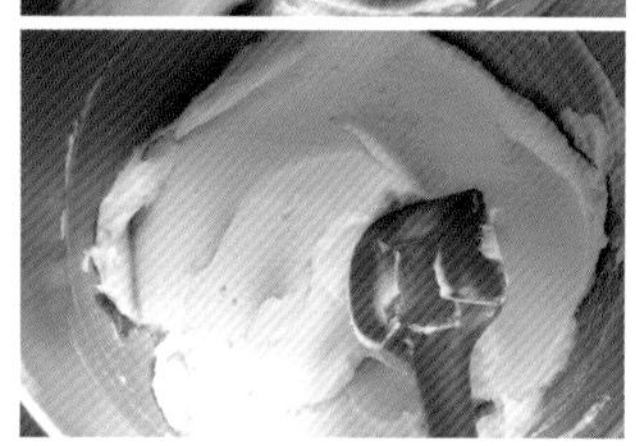

❷将2种黄油、细砂糖、盐放入打蛋盆中，用手握住橡胶刮刀手柄下端，刀面抵于盆底，用微微压弯前端的力度，紧贴着盆壁不停拌动，直至整体细腻光滑。表面抹平。

Ⅱ → p.98

用曲奇搅拌法混合

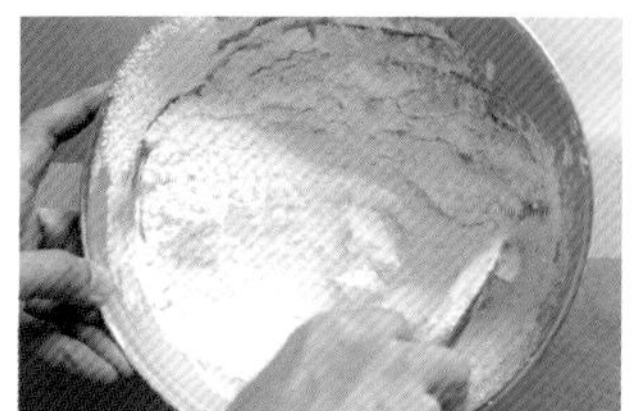

❸将过完筛的面粉再次过筛加入，用曲奇搅拌法混合。待盆内还有少量干粉残留时加入❶中的坚果继续用曲奇搅拌法混合。接着进行25～30次结合搅拌，使其结合到一起。

Ⅲ → p.100

用mitten流压拌法混合

❹为方便操作将面团分成2等份，分别进行mitten流压拌。压拌的力度以不碾碎里面的坚果为宜。

Ⅲ-1 详见p.101

用手揉法搓压

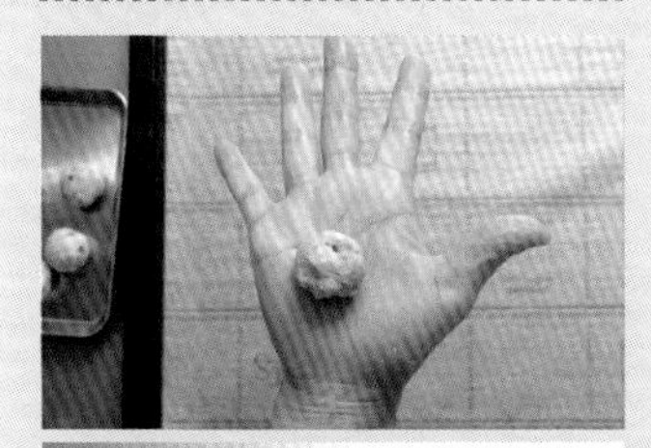

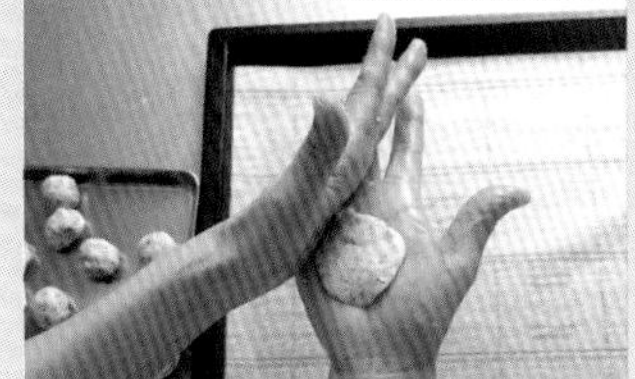

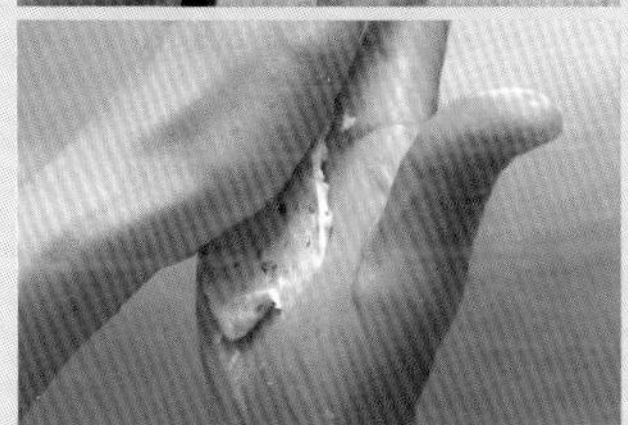

❺首先将面团等分成约15g一个。然后张开手掌，摆上小面团，把另一只手合上来，用力将面团压扁成3～4mm厚。维持相同的力度于掌心处来回搓压。7～10个回合后停止施压，手掌间空出2cm左右的间隙将面团揉成团。搓成球状。

▶参见视频

烘烤，撒糖粉

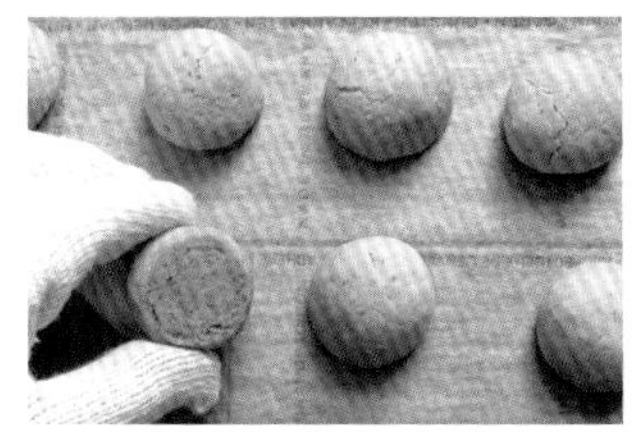

❻间隔一定距离摆入烤盘，170℃烤箱内烘烤22分钟左右（烘烤程度→p.26）。烤到表面浅浅上色、底面整体上色为止。移到凉网上冷却，凉至不烫手后放到冰箱内冷藏10～15分钟。紧挨着摆到纸上，用茶筛撒上满满的糖粉。掉落在缝隙间的糖粉沾到底部。

用 Ⅱ 曲奇搅拌法 + Ⅲ mitten流压拌法 + Ⅲ-1 手揉法制作的曲奇

新月酥

榛子风味的细腻质地，入口即化的酥松口感是其特色所在。
整形稍稍有点难度，要搓成两头细、中间饱满的新月形，烘烤后边缘的焦香与内里温和的坚果风味达到完美平衡，十分美味。
做法→p.74

用 Ⅰ **打发搅拌法** + Ⅱ **曲奇搅拌法** + Ⅲ **mitten流压拌法**

+ Ⅲ-1 **手揉法**制作的曲奇

果酱曲奇

令人怀念的质朴曲奇。
用手揉法搓压后的面团制作出的曲奇口感细腻柔和，佐以甜润的果酱，有如小蛋糕一般。
不论市售的果酱，抑或自家熬制的果酱（p.87）都可以制作。
做法→p.75

凤梨酥

中国台湾的人气甜点之一。
用酥皮包裹凤梨馅烘烤而成。传统的凤梨酥用的是猪油制作的酥皮，而mitten流用的则是发酵黄油制作的曲奇饼皮。
椰子风味配以酥松可口的口感，美味超乎想象。
用凤梨酥模具制作的整个过程也是一种享受。
布丁模或者慕斯圈可以代替凤梨酥模具使用。
做法→p.76

雪球

凤梨酥的酥皮甜度适中、口感细腻，按照相同方法制作，搓成小球烘烤后撒上糖粉，就能变身成一抓一大把的迷你小曲奇。

做法→p.79

新月酥

材料（30～32个）

黄油	100g
糖粉	45g
a 低筋小麦粉	61g
└玉米淀粉	61g
榛子粉*	61g

辅料

糖粉	适量

* 没有榛子粉，可以用杏仁粉代替，不过风味会发生变化。

准备工作

- 黄油软化至20～22℃。
- 将**a**混合过筛。
- 榛子粉用粗目筛过筛。
- 烤盘内铺上烘焙纸。
- 烤箱预热至190℃（烘烤温度170℃）。

❶将黄油、糖粉放入打蛋盆中，用手握住橡胶刮刀手柄下端，刀面抵于盆底施压，以微微压弯前端的力度紧贴着盆壁不停拌动直至整体细腻光滑。表面抹平。

Ⅱ → p.98

用曲奇搅拌法混合

❷将过完筛的面粉与榛子粉混合后加入，进行30～40次结合搅拌，直到颜色发白，成为一团。

Ⅲ → p.100

用mitten流压拌法混合

❸将面团分成2等份，分别进行mitten流压拌。

Ⅲ-1 → p.101

用手揉法搓压

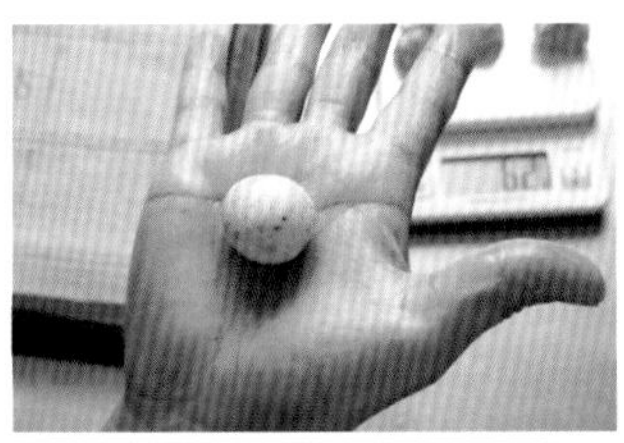

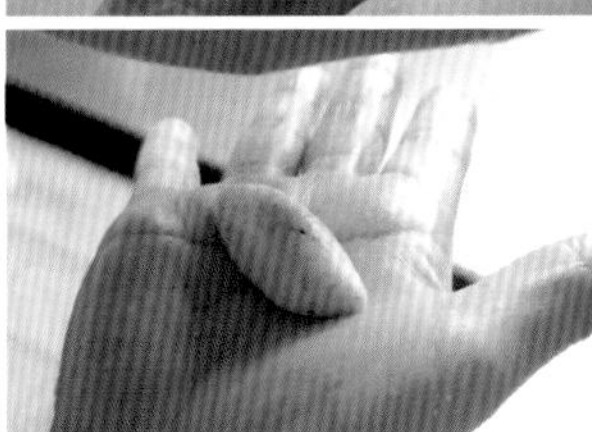

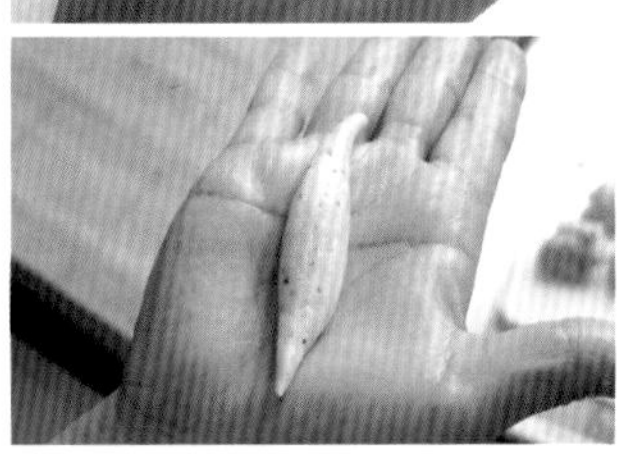

❹首先将面团等分成约10g一个，然后施加压力，进行搓压，并揉圆。接着掌心凹起用双手揉搓成中间粗、两头尖的纺锤形。

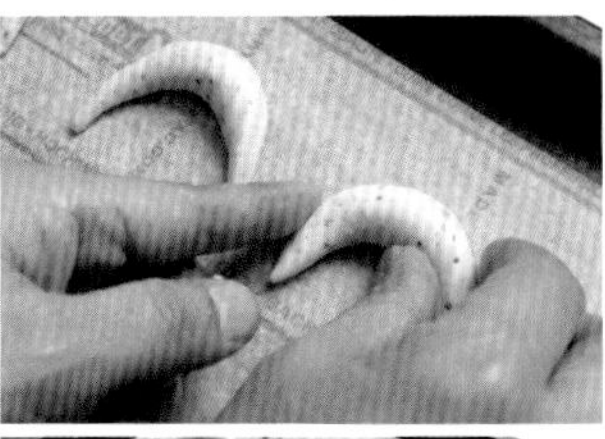

❺将❹中的小面团两头弯成新月形，间隔一定距离摆入烤盘。

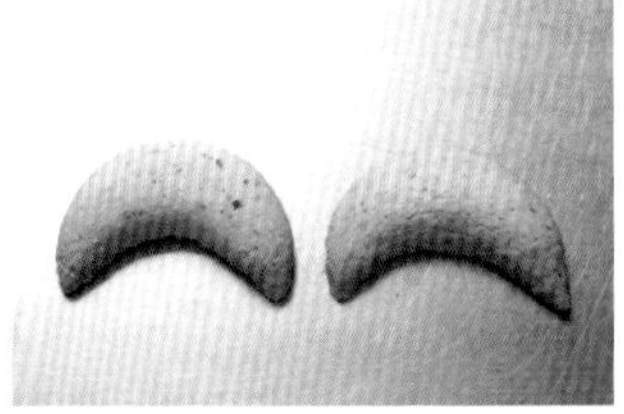

❻放入170℃烤箱内烘烤15分钟，周围及两头上色后取出，不要将内部都烤透。放到凉网上凉凉。

❼完全冷却后，紧挨着排好，用茶筛撒上糖粉。

果酱曲奇

材料（约27个）

黄油	100g
糖粉	55g
香草膏	1.6g（约1/4小勺）
蛋黄	17g
杏仁粉	27g
低筋小麦粉[*1]	140g
a 果酱[*2]	45g
└水	12g

*1 推荐使用ECRITURE的，烘烤过程中不易塌陷，可以保持形状。

*2 可以使用p.87中的自制果酱，或者市售产品。用约25%的水稀释后再使用。覆盆子、杏子、草莓等口味根据自己的喜好。也可以同时制作2～3种口味。

准备工作

- 黄油软化至20～22℃。
- 低筋小麦粉过筛。
- 杏仁粉用粗目筛过筛。
- 将OPP膜剪成三角形后卷起，用胶带固定住，作为裱花袋使用。
- 烤盘内铺上烘焙纸。
- 烤箱预热至190℃（烘烤温度170℃）。

❶将**a**混合稀释备用。

Ⅰ → p.97

用打发搅拌法混合

❷将黄油及糖粉、香草膏放入打蛋盆中，用电动打蛋器打发1分钟左右。将蛋黄分2次加入，每次打发20秒。抹平表面。

Ⅱ → p.98

用曲奇搅拌法混合

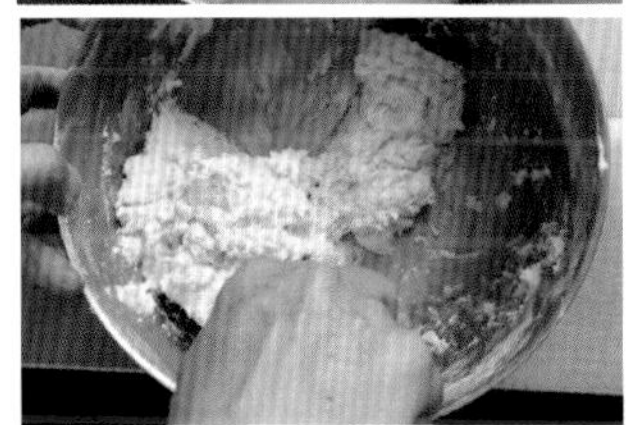

❸加入杏仁粉轻轻搅拌，筛入面粉，用曲奇搅拌法混合。接着进行结合搅拌，将其整理成团。

Ⅲ → p.100

用mitten流压拌法混合

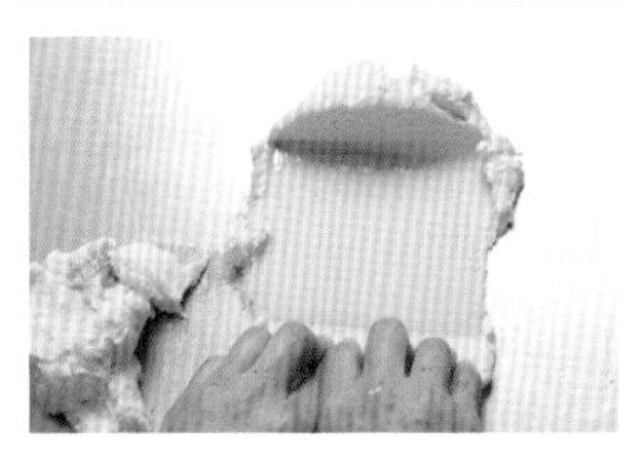

❹将面团分成2等份，分别进行mitten流压拌。

面团较湿软，容易黏附在刮板上。压拌期间将刮板清理干净更利于操作。注意经过1次压拌的面团无须再次压拌，否则面团会发硬。

Ⅲ-1 → p.101

用手揉法搓压

❺首先将面团分割成约12g一个，然后用手揉法搓压并揉成球状。间隔一定距离摆入烤盘。

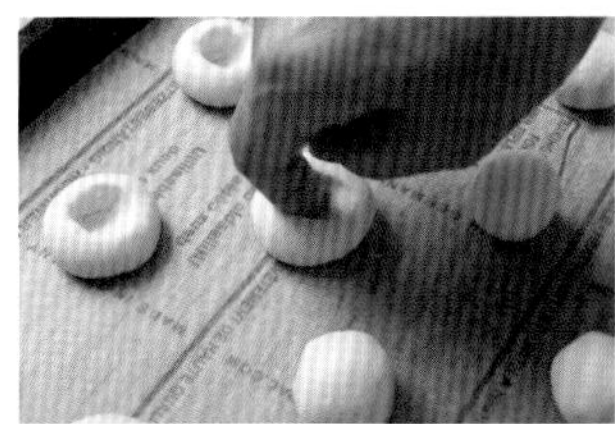

❻每个面团中心处用手指按个凹坑。用指尖前后左右按压，将凹坑调整成深1cm、直径1.5cm左右。将❶装入做好的裱花袋中，挤到凹坑内。

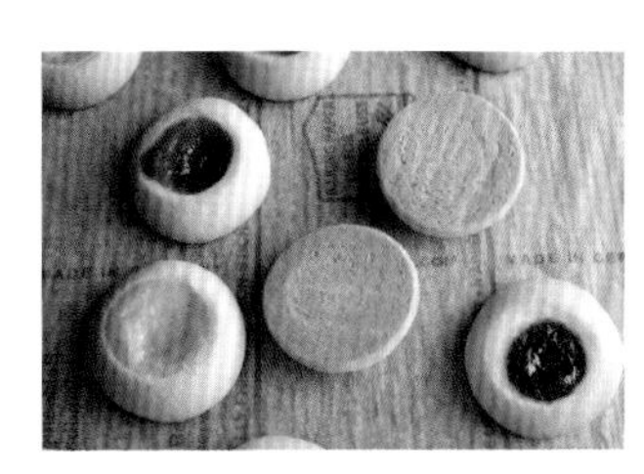

❼放入170℃烤箱内烘烤10分钟，降至160℃继续烘烤8分钟左右（烘烤程度→p.26）。烤到底部整体上色后出炉。放到凉网上凉凉。

凤梨酥

材料（约4.5cm×6.5cm的模具10个左右[*1]）

酥皮

- 黄油…………………………… 90g
- 糖粉…………………………… 28g
- 鸡蛋…………………………… 23g
- 杏仁粉………………………… 15g
- 低筋小麦粉…………………… 135g
- 椰蓉…………………………… 10g

凤梨馅（3次的用量[*2]）

- 冬瓜（去掉皮和子后的净重）
  ……………………………………420g
- 凤梨（去掉皮和硬芯后的净重）
  ……………………………………720g
- 细砂糖………………………… 114g
- 柠檬汁………… 15g（1大勺）
- 水饴…………………………… 114g

*1 凤梨酥模具配合按压棒使用更方便。也可以用直径6cm的慕斯圈代替，不过需要准备可以压入模具的表面平整的工具（比如擀面棒的两端）来代替压模还可以使用带底的布丁模、可露丽模等。

*2 凤梨馅可以一次性多做些，备足3次用的分量。每次只做一小份容易受食材水分影响。多余的馅料可以按每次使用的量分装起来冷冻保存。用微波炉解冻后，沥掉析出的水分后再使用。

准备工作

- 黄油软化至21～23℃。
- 低筋小麦粉、糖粉分别过筛。
- 杏仁粉用粗目筛过筛。
- 烤盘内铺上烘焙纸。
- 烤箱预热至210℃（烘烤温度190℃）。

❶制作凤梨馅。去掉冬瓜及凤梨的皮和子，切成1cm厚的小块。

❷将冬瓜放入食物料理机中打成8mm以下的小丁。沥除水分后，放入平底锅或浅口锅中，开大火，将水分翻炒掉，炒到底部开始发黏为止。重量约为之前的一半。

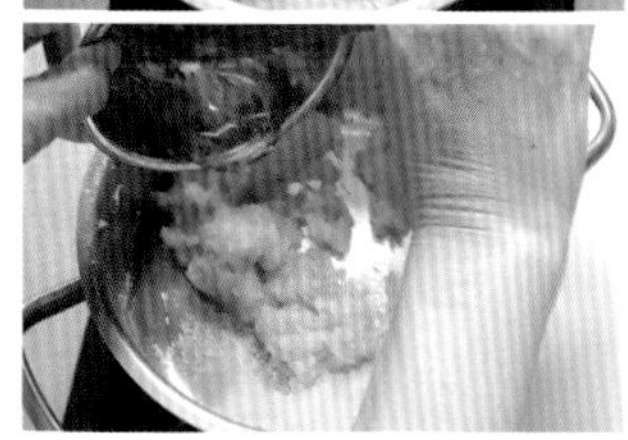

❸将凤梨放入食物料理机中打成泥状，倒入❷中的锅内。加入细砂糖与柠檬汁，开中强火翻炒收干水分，炒至约原来一半的重量。用橡胶刮刀翻拌时锅底会留下痕迹。加入水饴，从底部翻拌将水分炒干。熬煮到快要焦糖化，锅底开始微微发焦的状态。重量在540g左右。

❹倒入大号的料理托盘中，放凉。冷却后按18g一个搓成球状，取10个备用。剩余的放入冰箱冷冻。

Ⅰ → p.97

用打发搅拌法混合

❺制作酥皮。将黄油与糖粉放入打蛋盆中，打发搅拌。注意时间要短，控制在20～30秒。将蛋液分3次加入，每次打发约20秒。抹平表面。

为了在短时间内搅拌均匀，第2次加入蛋液后要刮盆。

❻加入杏仁粉，用橡胶刮刀轻轻拌匀。

Ⅱ → p.98

用曲奇搅拌法混合

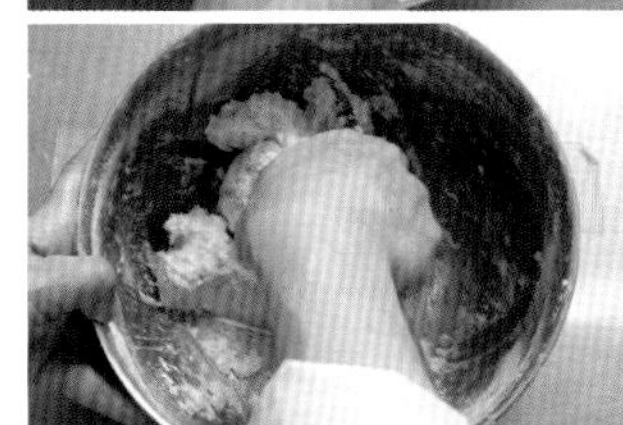

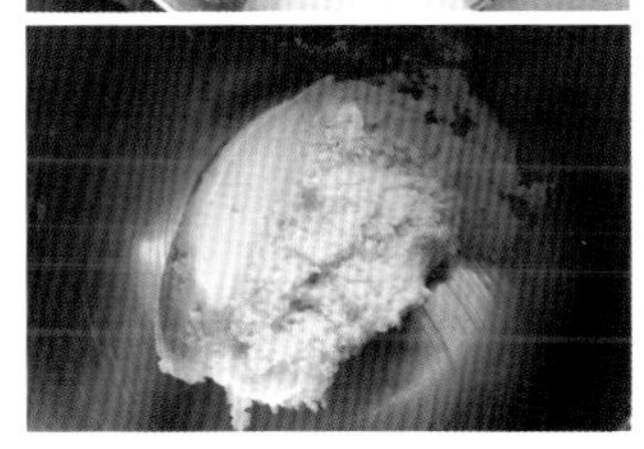

❼过完筛的面粉再次过筛加入，再加入椰蓉，用曲奇搅拌法混合。接着用结合搅拌法搅拌成团。

Ⅲ → p.100

用mitten流压拌法混合

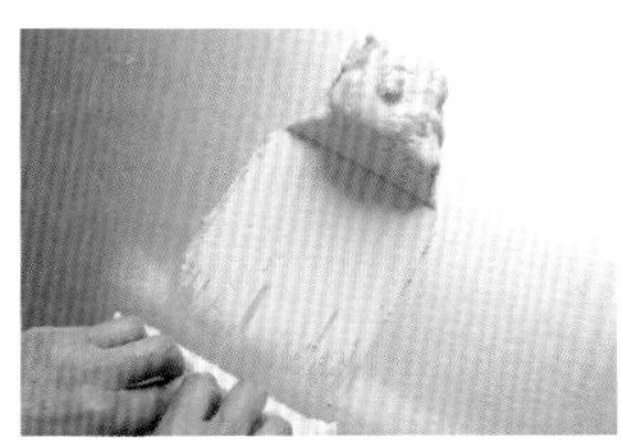

❽将面团分成2等份，分别进行mitten流压拌。

面团较湿软，容易黏附在刮板上。压拌期间将刮板清理干净更方便操作。注意经过一次压拌的面团无须二次压拌。

❾将面团分成10等份（每份29～30g）。为了方便操作，放入冰箱内冷藏10～20分钟。

Ⅲ-1 → p.101

用手揉法搓压

❿预热烤箱，烤盘中铺入烘焙纸。

⓫快速搓压并揉圆，包入馅料。

上图右边是经搓压揉圆的面团，泛有白色光泽。

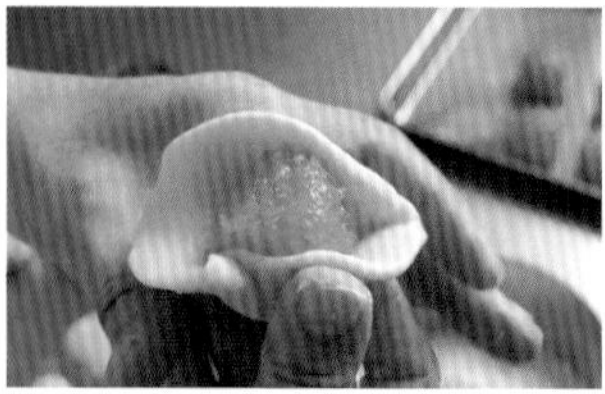

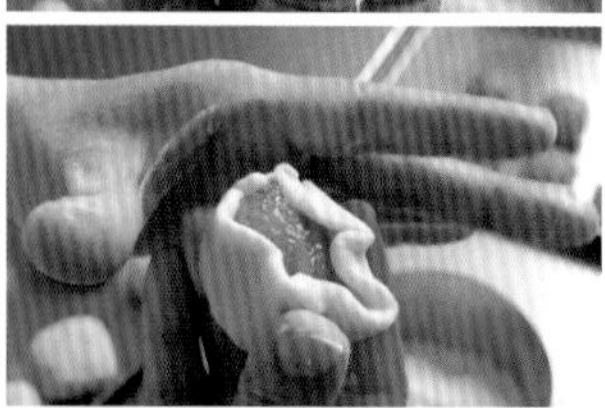

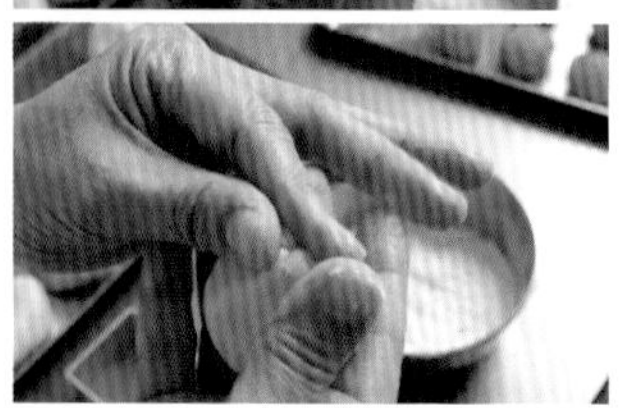

⓬在掌心撒少量手粉（配方外），将面团按扁成直径8cm的圆形。中心厚、边缘薄。将酥皮移到虎口处，包入凤梨馅，慢慢将口收起并封好。

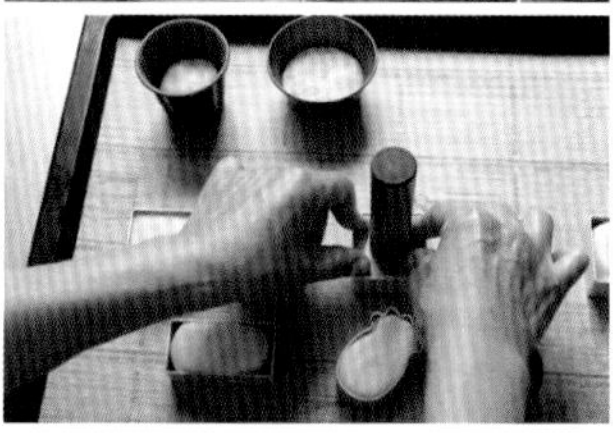

⓭搓成球状，收口朝下放入模具内，用指尖将表面按压平整。剩下的酥皮面团按照相同方法操作。压模（或代用品）撒上少许手粉，将面团表面压平整。用手指摁着压模，均匀用力将酥皮填满四角。

⓮放入190℃烤箱内烘烤约16分钟，烤至表面微微上色，底部整体上色后连同模具一起翻面，继续烘烤4分钟直至呈金黄色。均匀上色后即可出炉。趁热脱模，放到凉网上凉凉。

如果用像布丁模这类带底模具，将模具脱掉之后底面朝上继续烘烤。

雪球

材料（直径约2cm，约75个）

黄油…………………………… 50g
糖粉…………………………… 15g
香草膏………… 0.8g（约1/8小勺）
鸡蛋…………………………… 12g
杏仁粉………………………… 9g
低筋小麦粉…………………… 78g

辅料

糖粉………………………… 约40g

准备工作

- 黄油软化至21～23℃。
- 低筋小麦粉、糖粉分别过筛。
- 杏仁粉用粗目筛过筛。
- 烤盘内铺上烘焙纸。
- 辅料用的糖粉过筛，倒入盆中备用。
- 烤箱预热至180℃（烘烤温度160℃）。

❶制作风梨酥（p.76）中的酥皮。与❺～❽步骤操作相同（不加椰蓉）。

Ⅰ → p.97

用打发搅拌法混合

Ⅱ → p.98

用曲奇搅拌法混合

Ⅲ → p.100

用mitten流压拌法混合

Ⅲ-1 → p.101

用手揉法搓压

❷将酥皮面团分成2g一个，用手揉法搓压并揉成球形。

❸160℃烤箱内烘烤约14分钟，烤至表面微微上色，底部整体上色后即可出炉。

❹放至不烫手，尚带些余温时倒入装有糖粉的盆中，用橡胶刮刀搅拌使每个表面都裹上满满的糖粉。糖粉融化后会形成一层糖衣膜。完全冷却后，可以根据个人喜好将多余的糖粉用茶筛撒到表面。

打发搅拌后的面团
用花嘴挤压成形

Ⅰ-1 蓬松打发搅拌法 + Ⅲ-2 挤压法成形

mitten流压拌法的另一种变换形式，是边挤压边拌合的挤压法成形。将打发至极限状态的面糊装入裱花袋，有的曲奇配方需要用口径调窄的花嘴挤压成形。通过窄口花嘴挤压出来的面糊，里面的空气被赶走了，组织变得细腻均匀。使用的花嘴、挤花的方式会随曲奇种类发生变化，请参照各自的配方。

体验挤压法成形的效果

维也纳酥饼 香草 / 巧克力

这款也是oven mitten店里的招牌曲奇。它的独特之处在于如云般的轻盈空气质感。打发的面糊如果用普通星星花嘴挤花烘烤，会混入大量空气，淡化黄油的风味使口感大打折扣。将花嘴口径调窄后挤出的曲奇质地更紧密，黄油的风味更加浓郁，口感也更细腻轻盈。巧克力风味的维也纳酥饼，纤细的口感中蕴藏着巧克力的酸味及苦味。

来看一下对比结果！

花嘴经过调整后，挤压成形的曲奇面团。

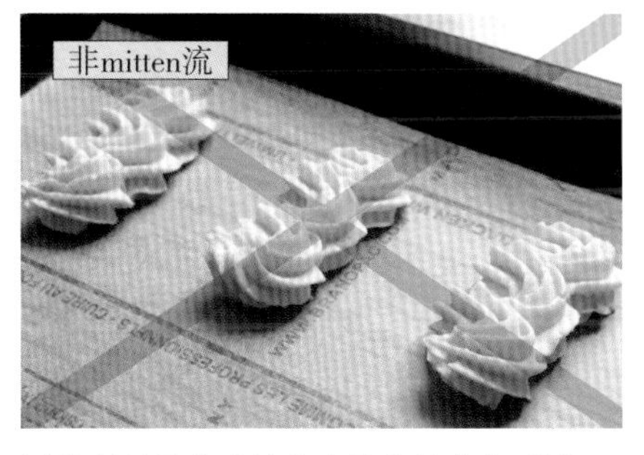

用普通星星花嘴挤出来的蓬松曲奇面团。

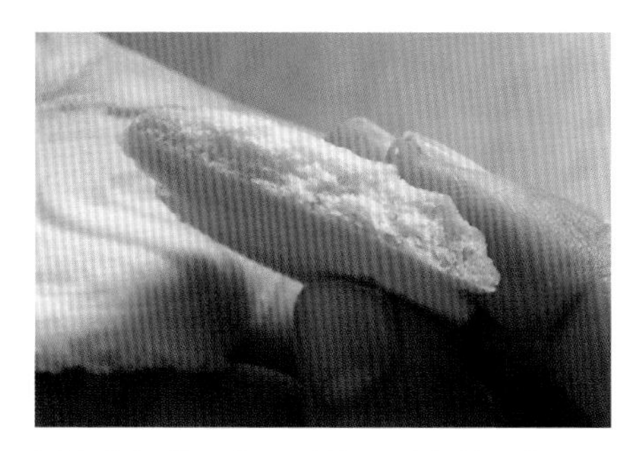

原本蓬松的面糊经过挤压后变得细密，虽然口感很轻盈，但风味较淡。

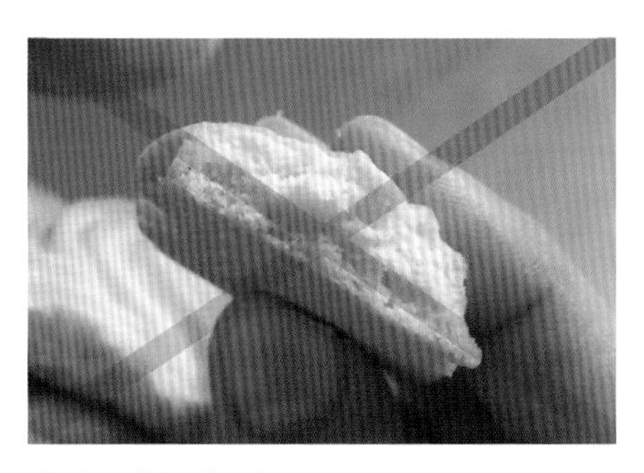

成品口感细腻酥松。

维也纳酥饼

香草

材料（约35个）

黄油……………………… 150g*1
糖粉………………………… 60g
盐…………………………… 0.1g
香草膏………… 0.8g（1/8小勺*2）
低筋小麦粉……………… 177g
蛋白………………………… 24g

*1 如果黄油用量较少，打蛋器搅头无法顺利搅打到，用150g黄油容易打发。

*2 或者用0.1g香草荚。

准备工作

- 黄油软化至23～24℃备用。
- 糖粉、低筋小麦粉回温至23～24℃。气温较低时可以热水浴温热，或者利用预热中的烤箱温热。分别过筛。
- 蛋白充分打匀，坐热水浴温热，气温较高时温度控制在27℃，气温较低时保持在30℃。
- 准备ϕ18cm及21cm的两只打蛋盆。打发操作时选用小尺寸的打蛋盆更容易打蓬松。
- 准备好星星花嘴和裱花袋。
- 烤盘内铺上烘焙纸。
- 烤箱预热至190℃（烘烤温度170℃）。

准备好花嘴

❶将星星花嘴的口径从直径5mm调小至直径3mm。将花嘴抵在硬台面上，边用力摁边旋转，直到星形的缝隙变窄。套进裱花袋中。

I-1 详见p.102

蓬松打发搅拌法

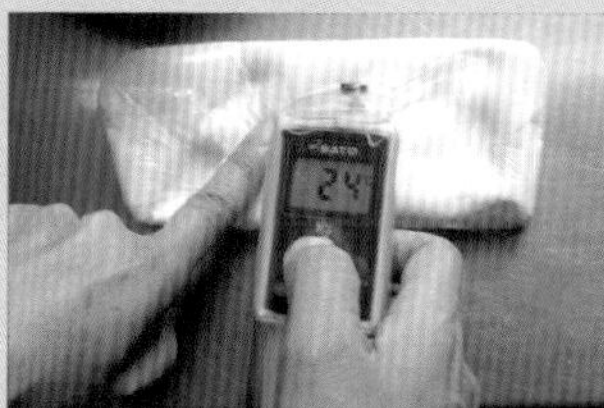

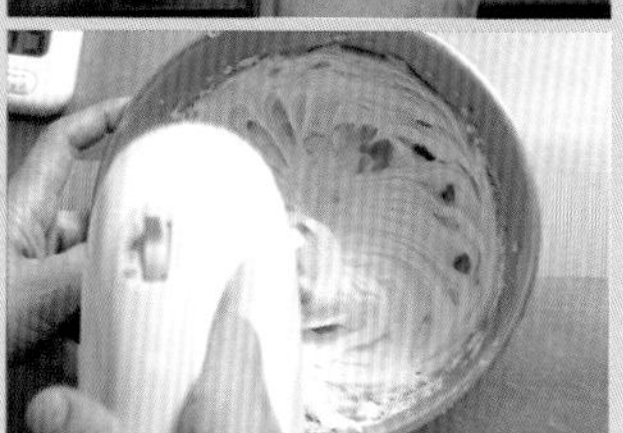

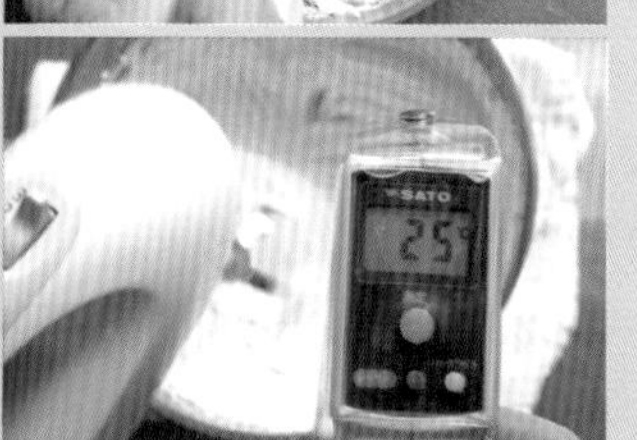

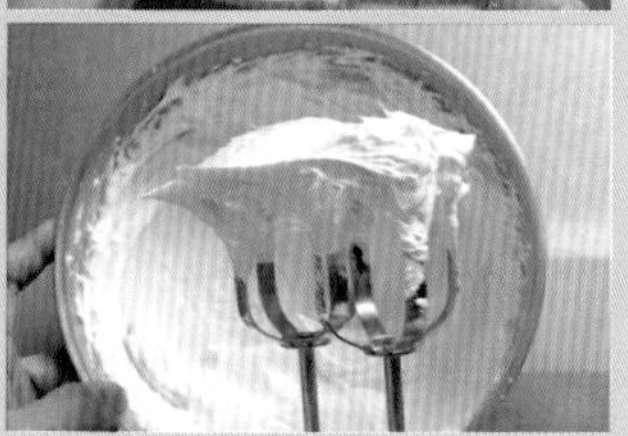

❷将黄油、糖粉、香草膏放入ϕ18cm的打蛋盆中，用电动打蛋器高速打发。温度保持在25～26℃，持续打发5～6分钟，打到体积膨大。

打发方法与打发搅拌法相同。打发过程中可以在打蛋盆外周用吹风机吹热风或者裹上热毛巾，以免温度下降。

▶参见视频

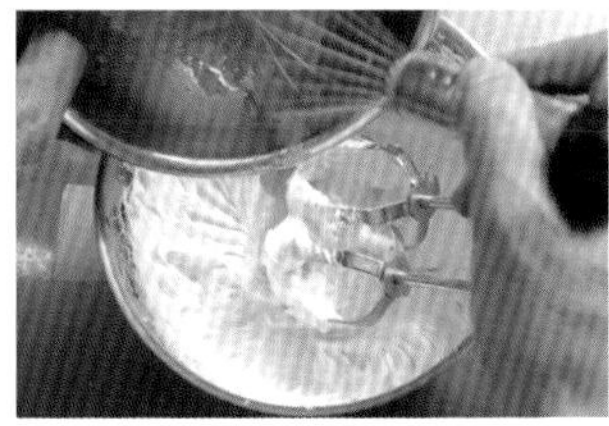

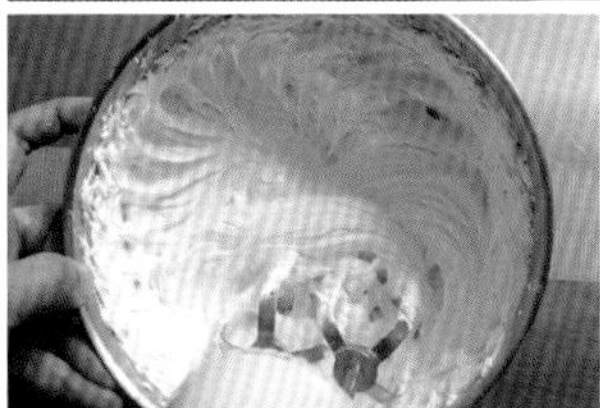

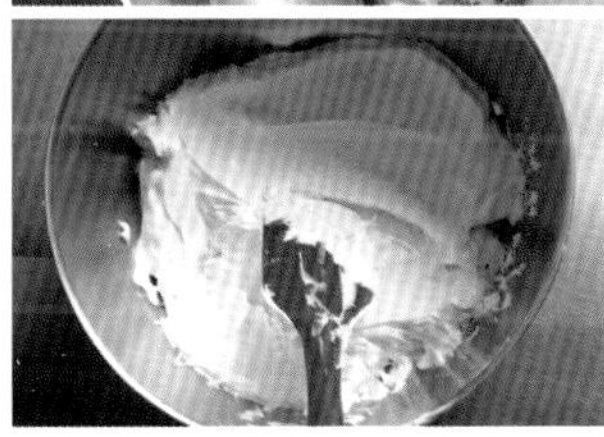

❸蛋白分2次加入，每次加入后搅打约1分钟。移入ϕ21cm的盆中，表面抹平整。

Ⅱ → p.98

用曲奇搅拌法混合

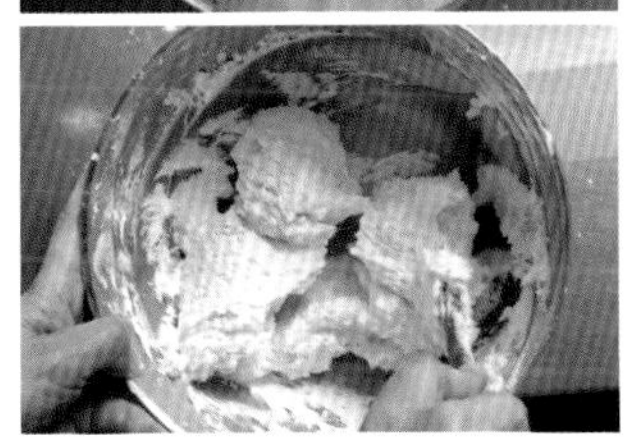

❹过完筛的面粉再次过筛加入，用曲奇搅拌法进行搅拌。看不到干粉后从盆底翻拌，转动打蛋盆改变方向，按照相同方法进行2～3次翻拌。不需要结合搅拌。

Ⅲ-2 详见p.103

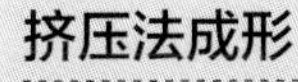

挤压法成形

❺面糊用橡胶刮刀轻轻拌匀后，取一半的量装入裱花袋。在烤盘上挤出宽3.5cm、长6cm的S形。熟练以后左右挤3个回合即可。厚度5～6mm。剩下的面糊按照同样方法操作。

只有维也纳酥饼是近距离挤花，花嘴贴近烤盘挤出的面糊要尽可能薄，这样口感才轻盈。

花嘴方向决定花纹的美观性，事先调整好之后再挤花。

▶参见视频

烘烤

❻放入170℃烤箱内烘烤18～20分钟。烤到花纹纹路部分上色、底面整体均匀上色为止。烤好即可出炉，放到凉网上，冷却。

维也纳酥饼 巧克力

材料（40～50个）

黄油……………………………150g
糖粉……………………………77g
盐………………………………0.1g
蛋白……………………………24g
低筋小麦粉……………………143g
可可粉[*1]……………………40g

辅料

覆盆子果酱或者杏子果酱[*2]
……………………………………适量
糖粉…………………………适量

*1 日本PECO公司的产品。

*2 制作果酱曲奇（p.75）、夹心曲奇（p.91）用的果酱。做法→p.87。

可以挤成小尺寸的贝壳形状，撒上满满的糖粉，夹上果酱口感更加丰富。

准备工作

- 黄油软化至23～24℃备用。
- 将糖粉、低筋小麦粉回温至23～24℃。气温较低时可以坐热水浴温热，或者通过预热中的烤箱温热。分别过筛。
- 蛋白打匀，坐热水浴，气温较高时温度控制在27℃，气温较低时保持在30℃。
- 准备ϕ18cm及ϕ21cm的两只打蛋盆。打发操作时选用小尺寸的打蛋盆更容易打蓬松。
- 准备好星星花嘴和裱花袋。可可粉的加入会使面糊变紧致，所以星星花嘴不需要调整，可以直接使用。
- 烤盘内铺上烘焙纸。
- 烤箱预热至180℃（烘烤温度160℃）。

❶面糊的制作方法参考维也纳酥饼/香草（p.84）。低筋小麦粉与可可粉一同混合筛入，用曲奇搅拌法拌匀。

❷挤出S形，比维也纳酥饼/香草尺寸小一些，左右2个回合或者挤成贝壳状。贝壳形状要头大尾小。

❸放入160℃烤箱内烘烤18～22分钟，贝壳花形的烘烤16分钟左右。由于烤色不好判断，表面烤干后轻轻按一下，不立马凹陷就可以出炉了。

❹贝壳花形可以根据自己喜欢来制作，2个一组，完全冷却后夹上果酱。无论哪种形状都要用茶筛撒上糖粉。

覆盆子果酱、杏子果酱的做法

维也纳酥饼/巧克力（左页）与夹心曲奇（p.91）中用的果酱要熬煮得比市售果酱浓稠些。用水稀释后可以用于果酱曲奇（p.75）。

材料（易于操作的分量）

a 覆盆子果泥
　或者杏子泥……………… 250g
　柠檬汁…………… 30g（2大勺）
　水…………………………… 40g

b 果酱增稠剂* ……………… 10g
　细砂糖……………………… 30g

c 细砂糖……………………… 100g
　水饴………………………… 55g

* 或者用3g果胶。

❶将**b**混合后用网眼较细的茶筛过筛，备用。

❷将**a**加到锅中，边开火边用橡胶刮刀搅拌。沸腾后熄火，改用蛋抽快速搅拌，加入❶中的**b**。混合30秒～1分钟，使其充分溶解。

❸再次开火，搅拌。沸腾后转小火，保持微微冒泡的火力熬煮2分钟。

❹熄火加入**c**，用蛋抽充分搅拌。再次开火，维持微微冒泡的火力熬煮5～6分钟。装入干净的容器中，完全冷却后放入冰箱冷藏保存。

冰箱内可以保存2个月左右。

用 Ⅰ-1 **蓬松打发搅拌法** + Ⅱ **曲奇搅拌法** + Ⅲ-2 **挤压法成形**制作的曲奇

芝士曲奇

用半排花嘴或排花嘴挤花后面糊组织变得细腻，形成绵密的口感，激发芝士的风味。
甜味与咸味美味交织，适合搭配酒类享用的一款曲奇。
做法→p.90

夹心曲奇

肉桂的香味加上低温烘烤后面粉散发的香气，让人印象深刻。
灵感来自德国及维也纳的曲奇，而细腻的质地及纤细的口感则源自oven mitten的搅拌手法。
小口径星星花嘴的挤压效果使味道得以恰到好处地凝缩，夹上果酱超级美味。
做法→p.91

芝士曲奇

材料（38～40个）

黄油…………………………50g*1
糖粉…………………………18g
鸡蛋…………………………20g
淡奶油（脂肪含量45%）……11g
a 红波芝士（脂肪含量45%）*2
…………………………42g
盐…………………………0.5g
白胡椒（粉状）………1/4小勺
卡宴辣椒粉*3 ……………少量
低筋小麦粉…………………60g

*1 为了方便制作使用50g黄油。为了打蛋器搅头能顺利搅打到黄油，需要用小号的打蛋盆进行打发。

*2 最好磨成屑再使用。用帕玛森芝士代替也很美味。

*3 也可以添加些印度什香粉。

准备工作

- 黄油软化至23～24℃，备用。
- 鸡蛋回温至20～22℃。
- 糖粉、低筋小麦粉分别过筛。
- 将**a**混合。
- 准备 ϕ 15～16cm及 ϕ 18cm的打蛋盆。
- 准备好孔径20～22mm的半排花嘴或排花嘴和裱花袋。
- 烤盘内铺上烘焙纸。
- 烤箱预热至180℃（烘烤温度160℃）。

Ⅰ-1 → p.102

蓬松打发搅拌法

❶将黄油与糖粉放入 ϕ 15～16cm的打蛋盆中，打发到蓬松状态。由于黄油用量较少，打发时间以3分30秒为参考标准。蛋液分2次加入，每次搅打约1分钟。

❷打发到蓬松发白后，倒入淡奶油，继续打发1分钟。

❸移入 ϕ 18cm的打蛋盆中，加入**a**，用橡胶刮刀轻轻拌匀，表面抹平整。

Ⅱ → p.98

用曲奇搅拌法混合

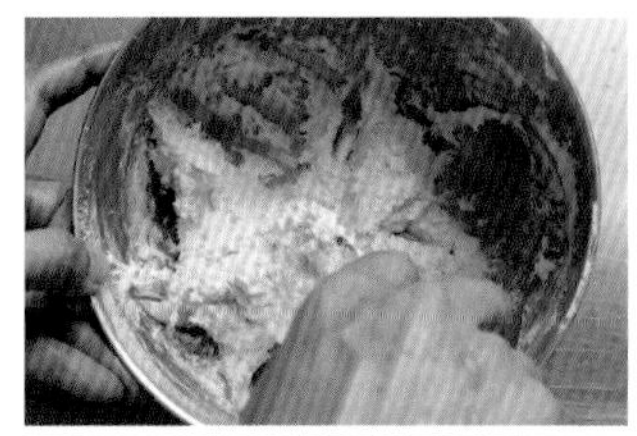

❹过完筛的面粉再次过筛加入，用曲奇搅拌法混合。稍微结合搅拌后将面糊整成一团（图片为结合搅拌）。

Ⅲ-2 → p.103

挤压法成形

❺裱花袋套上花嘴，装入面糊。在烤盘上挤出长3～4cm的面糊，挤成立体的波浪花纹，如图中那样。

图中用的是半排花嘴。

❻放入160℃烤箱内烘烤15分钟。烤到纹路上色，边缘部分烤色开始变深，底面整体呈金黄色后出炉。

夹心曲奇

材料（16～18个）

黄油（发酵）………………… 50g
黄油（非发酵）……………… 50g
糖粉………………………… 33g
a 低筋小麦粉……………… 100g
肉桂粉……………………… 4g
杏仁粉……………………… 33g

辅料

覆盆子果酱* …………… 约60g
糖粉………………………… 适量

* 做法→p.87。

准备工作

- 黄油分别软化至23～24℃，备用。
- 糖粉过筛。
- 低筋小麦粉与肉桂粉混合过筛，杏仁粉用粗目筛过筛后将**a**混合。
- 准备φ18cm及φ21cm的打蛋盆。
- 准备好小号的星星花嘴及裱花袋。
- 烤盘内铺上烘焙纸。
- 将OPP膜剪成三角形后卷起来，用胶带封住，做成圆锥形（裱花袋）。
- 烤箱预热至170℃（烘烤温度150℃）。

Ⅰ-1 → p.102

蓬松打发搅拌法

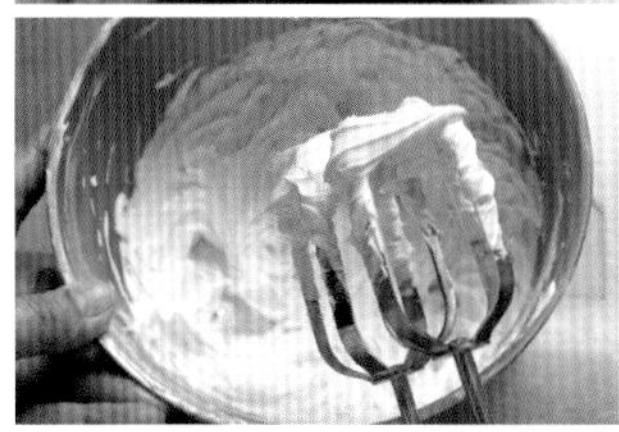

❶将两种黄油及糖粉放入φ18cm的打蛋盆中，用蓬松打发搅拌法搅打5～6分钟直至呈蓬松状态。

Ⅱ → p.98

用曲奇搅拌法混合

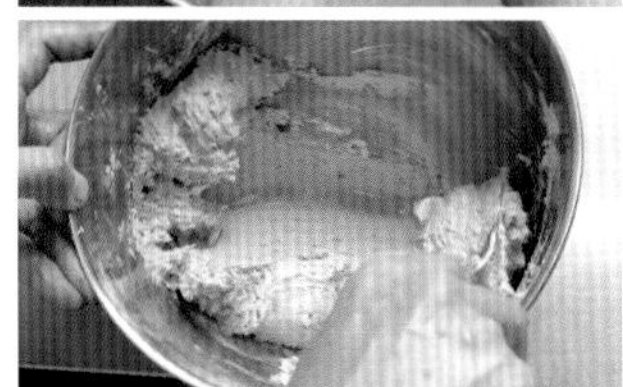

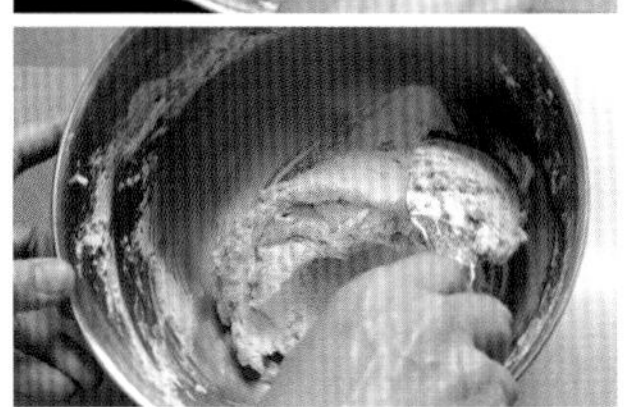

❷移到φ21cm的打蛋盆中，表面抹平整后加入**a**，用曲奇搅拌法混合。搅拌到看不到干粉后，从盆底进行翻拌，并转动打蛋盆改变方向。重复操作数次后面糊会结合到一起。不需要结合搅拌。

Ⅲ-2 → p.103

挤压法成形

❸裱花袋套上花嘴，装入面糊。在烤盘上挤出直径约4cm的圆形，可以挤36个的量。

❹放入150℃烤箱内烘烤38～40分钟，慢慢烤熟。

此款曲奇为了体现出小麦粉的风味，要将曲奇烤到整体金黄色为止。对半切开，观察断面中心是否呈金黄色。

❺完全冷却后，2个一组夹上适量的覆盆子果酱。紧挨着摆到纸上，用茶筛撒上糖粉。

用 Ⅱ 曲奇搅拌法 + Ⅲ mitten流压拌法 + Ⅲ-2 挤压法成形制作的曲奇

普雷结饼干

用不混入空气式搅拌法制作的面糊，经两种方式的压拌后，质地更为细密。
挤压成形时使用小号的圆形花嘴。
一咬即碎的口感，随之黄油的香味及淡奶油的奶味在口中瞬间扩散。
做法→p.93

普雷结饼干

材料（约40个）

黄油……………………………… 50g
a 糖粉………………………… 27g
└盐……………………………… 0.2g
香草膏……………… 1g（1/6小勺）
淡奶油（乳脂肪45%）……… 21g
低筋小麦粉* ………………… 85g

* 推荐使用ECRITUR，烘烤后成品又酥又脆。

准备工作

- 黄油软化至23～24℃，备用。
- 低筋小麦粉与糖粉温度调整至23～24℃。气温较低时可以隔热水浴或者利用预热中的烤箱温热。分别过筛。将**a**混合。
- 淡奶油使用前从冰箱取出，隔热水浴温热至24～25℃。
- 准备好ϕ5mm的圆形花嘴。
- 烤盘内铺上烘焙纸，上面印上直径3.5cm的圆形印记。在饼干切模的切口处蘸上面粉，像盖章般摁到烘焙纸上，做上标记（如下图所示）。
- 烤箱预热至170℃（烘烤温度150℃）。

❶将软化的黄油放入打蛋盆中，用橡胶刮刀搅拌顺滑。加入**a**及香草膏，用橡胶刮刀以不混入空气的方式搅拌均匀。

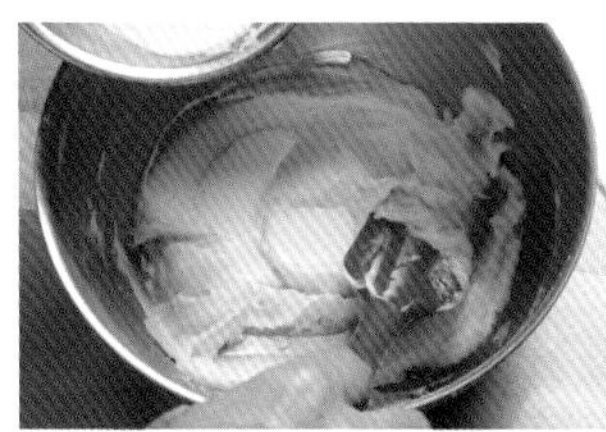
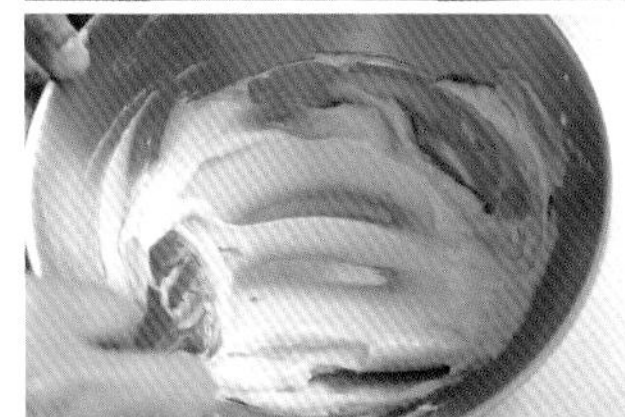
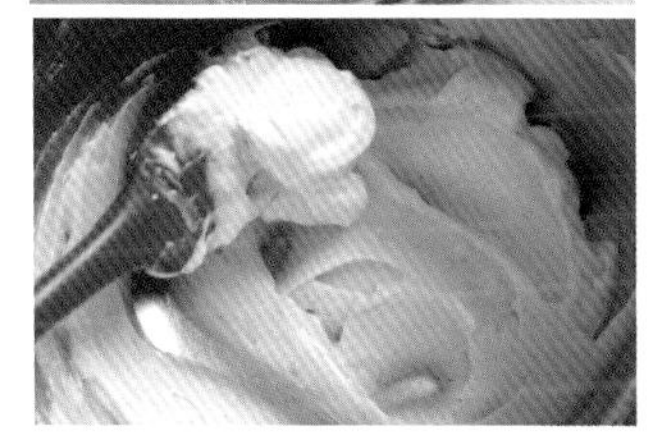

❷将回温后的淡奶油分4～5次加入，每次搅拌均匀。搅拌到浓稠顺滑的状态。

Ⅱ → p.98

用曲奇搅拌法混合

❸将过完筛的小麦粉再次过筛加入，用曲奇搅拌法进行混合。再用结合搅拌法稍微搅拌使其成团。

Ⅲ → p.100

用mitten流压拌法混合

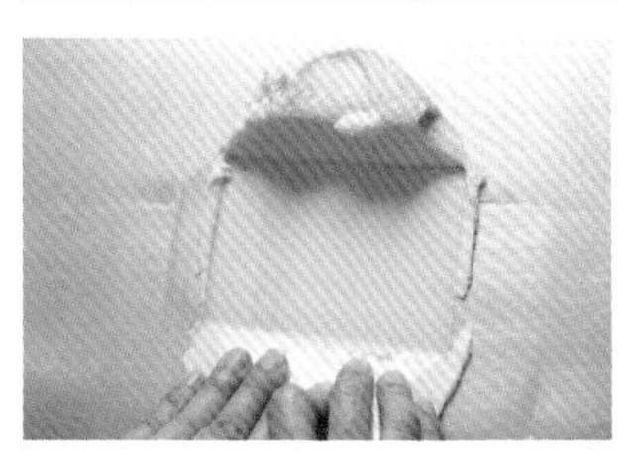

❹用mitten流压拌法碾压面团。

Ⅲ-2 → p.103

挤压法成形

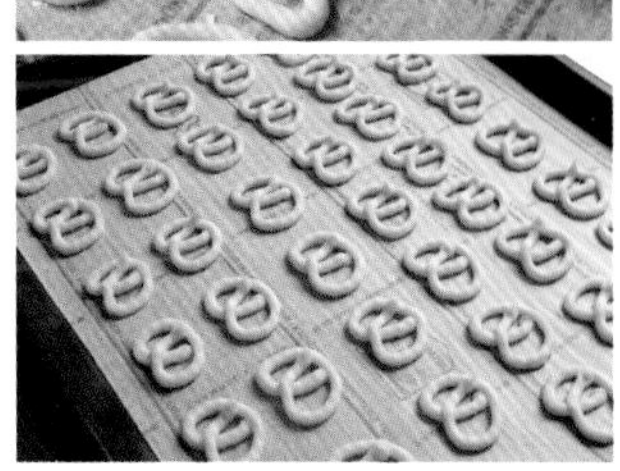

❺裱花袋套上花嘴，装入面糊，照着烤盘上的圆圈印记挤出如图中所示的3.5cm大的普雷结形状。开始先描个“の”，然后交叠过去于左上方收尾。

❻放入150℃烤箱内烘烤15～17分钟。底面微微上色后就可以出炉。不用烤到整体上色。

完全冷却后，可以根据个人喜好撒些糖粉。

本书中所使用的工具

橡胶刮刀

搅拌面糊、刮盆等操作必不可少的烘焙工具。推荐使用耐高温、一体成型无接缝处理的硅胶树脂刮刀，无藏污死角更卫生。图中是oven mitten为烘焙爱好者量身定制的刮刀，与打蛋盆的贴合度高，具有良好的柔韧性及弹性。方便力量传导，有效提高作业效率。

打蛋盆

本书中主要使用ϕ 21cm与ϕ 18cm两个尺寸的打蛋盆。一般打发时，100g黄油适合用ϕ 21cm的打蛋盆，但要将黄油打发到极限蓬松状态时，使用ϕ 18cm的打蛋盆更合适。深底、侧面近乎垂直状态的直边款式打蛋盆适合搅拌面糊。图中为oven mitten的特制打蛋盆。

刮板

烘焙用的刮板分为软质和硬质两类。本书中用的是硬质刮板。进行mitten流压拌操作时，能够承受压力的硬质刮板较为合适。

面粉筛

网眼较细的细目筛跟网眼较粗的粗目筛2种都备上会很方便。烘焙用的低筋小麦粉及糖粉用细目筛，杏仁粉等则要用粗目筛。

高度平衡尺（木条）

高度平衡尺是将面团均一擀开以及分割时要用到的辅助工具。2根一组配套使用。本书中用到了5mm、1cm、2cm 3个高度的平衡尺。材质有金属、塑料、木质等，除了烘焙专卖店之外在家居市场也可以购买到。木条也能代替使用。

烘焙铲

可用于出炉时质地较软的曲奇翻面，铲取成品。铲头处打薄且稍稍弯曲的设计，有助于保持成品形状不受破损，十分便利。铲身部分较宽，一次能铲2～3个。

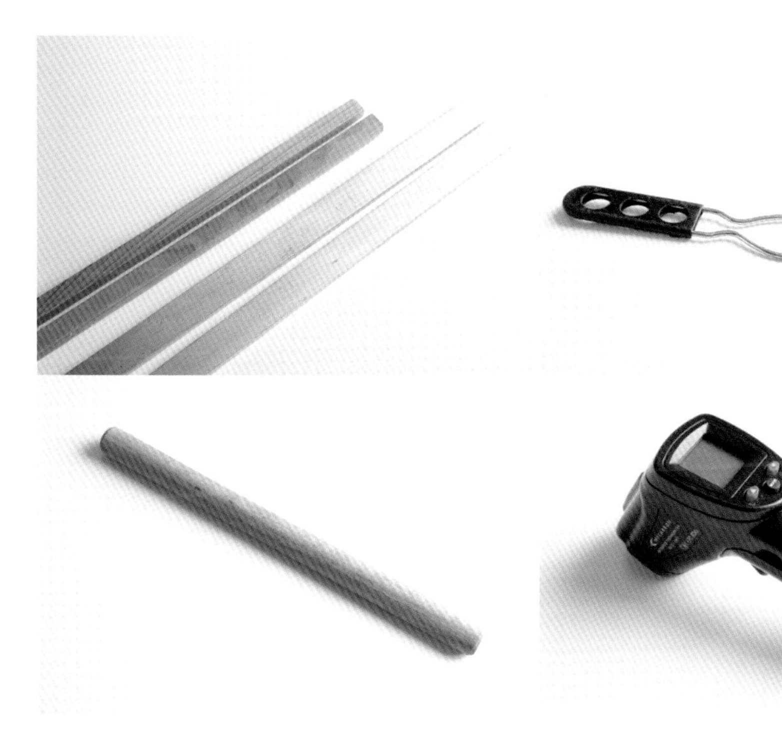

擀面棒

最好使用木制的，本身带有一定的重量，方便均匀施力。长度为40～50cm的比较合适，还能用于其他甜点的制作。

温度计

非接触型的红外线感应温度计用起来较方便。可以快速测定材料的温度、操作过程中面团的表面温度，方便温度调节。

其他

电动打蛋器
我用的是松下的电动打蛋器。当然手头有其他品牌的打蛋器也可以，不过如果搅头部分是钢丝状的打蛋器，打发时间会发生变化，需要边观察状态，边做相应调整。

烘焙垫、烘焙纸、白色烘焙纸
烤盘内可以铺上烘焙垫（清洗后可以反复使用）或者烘焙纸。另外，在包裹曲奇面团的时候用的是剥离性较低的烘焙纸或白色烘焙纸。防滑且便于塑形。

Mitten's Lesson

手法贴 The Manual

搅拌手法贴

只要掌握了这3种搅拌手法，便能十拿九稳地复制mitten流的所有曲奇。
为了方便随时查阅，把基础的搅拌手法归纳成了一篇搅拌手法贴。

操作开始前的确认工作

打发搅拌与曲奇搅拌尤为重要。

身体与打蛋盆不要靠太近，打蛋盆的中心距离操作台边缘15cm。操作时最好用胶带做上标记，以免移位。

打蛋盆不要放在身体正中间，要放到惯用手一侧，这样手臂可以自由不受身体牵制。在距离操作台边缘20cm处将手肘微微向前，操作起来更轻松。在这个位置即使进行长时间打发，或是油粉混合时需要一定的力度，都不易感到疲劳。

惯用手相反的那只手抓住打蛋盆边缘。食指和中指放于外侧，大拇指于内侧将盆夹住。用食指与大拇指中心部分支撑住盆边。

I 打发搅拌法

▶参见视频

图片为冰曲奇。

打发前黄油的温度

厚度调整均匀的黄油，软硬度以手指能无阻力轻松按入为标准。如果条件允许，最好用红外线温度计测量并调整至配方所示的温度。在室温20～25℃下操作。

❶将温度合适的黄油及配方所用的材料放到打蛋盆中，迅速用电动打蛋器进行打发。

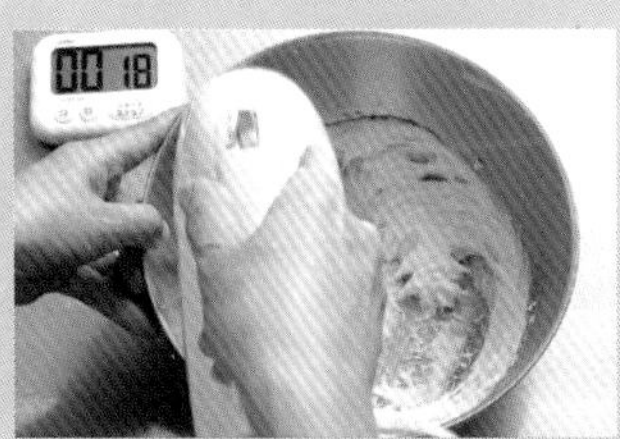

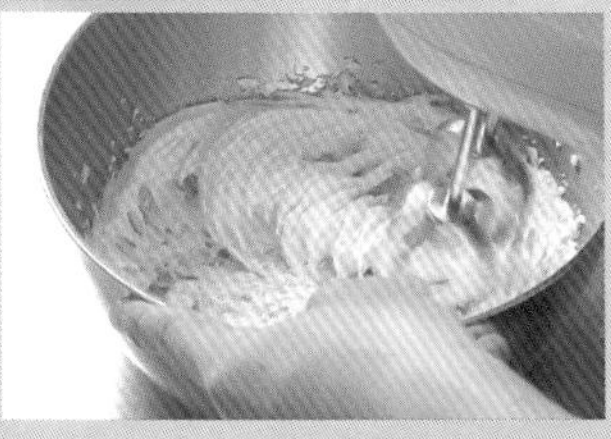

❷电动打蛋器与盆底呈垂直状态握住，开中速挡。沿着打蛋盆弧度绕圈，以10秒15圈的速度大幅度绕圈搅动。打开计时器。自始至终，打蛋头要贴着打蛋盆弧度部分搅动能听到哐当哐当的碰撞声，打发到整体均匀为止。

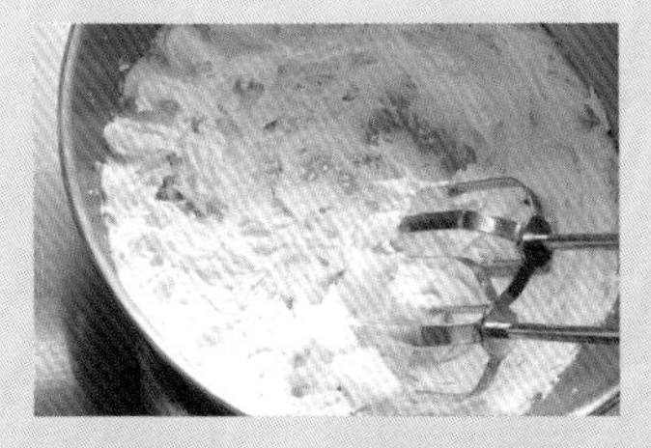

❸100g黄油打发的参考时间为1分钟30秒。具体打发时间根据各配方的要求与状态进行调整。

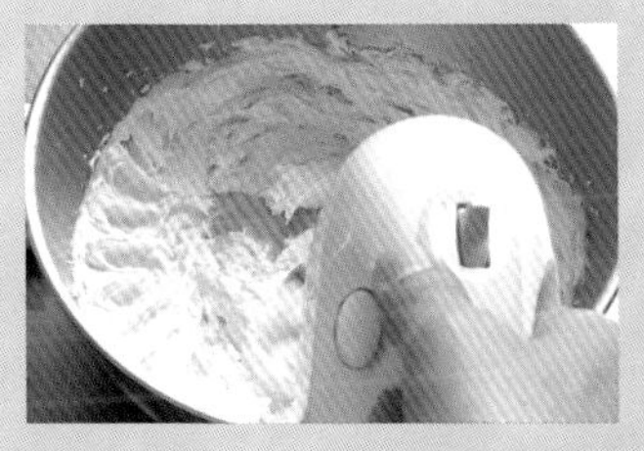

❹如果加入蛋液，分2～3次加入（依据配方），每次加入后打发时间控制在1分钟以内。

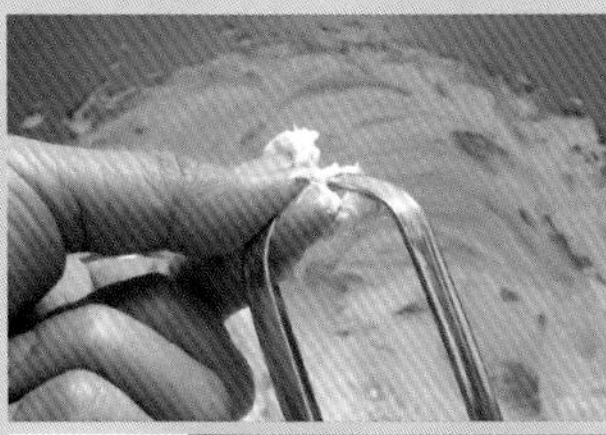

❺卸下搅头，将黄油敲落到盆中，或者用手指刮干净。将橡胶刮刀的直线侧紧贴打蛋盆侧面，用一只手握着转一圈将侧边的黄油刮下来。表面抹平整，进入曲奇搅拌步骤。

非mitten流

如果打蛋盆倾斜会搅打不匀。如果打蛋盆放于身体正中，用打蛋器搅打时手臂无法顺利地绕圈。

曲奇搅拌法

▶参见视频

图片为冰曲奇。

在只装有面粉的打蛋盆中练习，可以直观地了解运动轨迹。

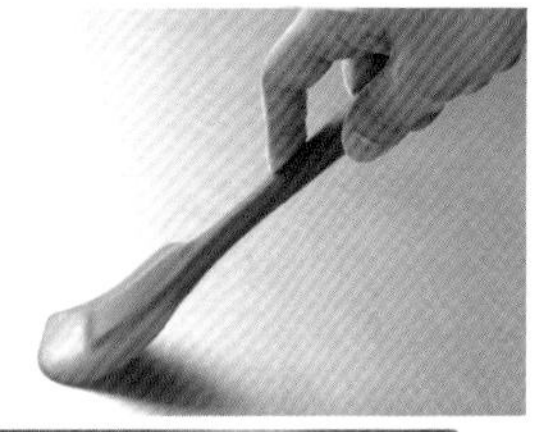

❶将橡胶刮刀前端抵在盆底，施加一定的压力，使其微微弯曲。

❷准备好装有面粉的打蛋盆。将刮刀弧度部分紧贴于盆底，刮刀刀面朝上握住。首先从打蛋盆最外侧入刀，从右向左横向划1cm宽的直线。

❸维持力度不变并保持相同的速度，从外往里依次划直线。面粉（实际为黄油）是整条线切开的。

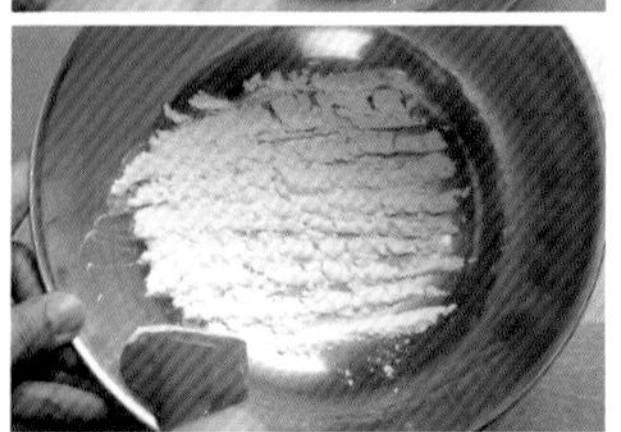

❹划满约10条“一”字形直线。

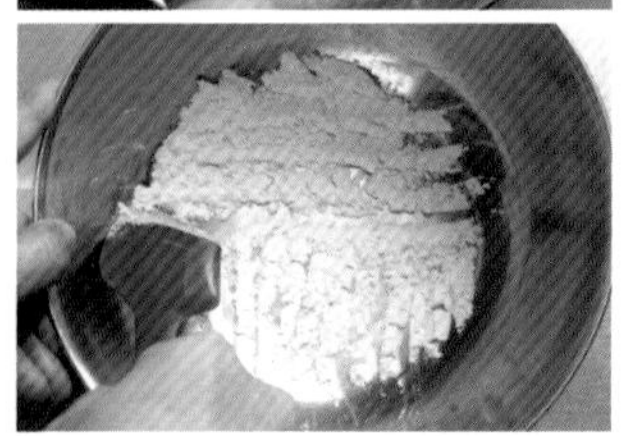

❺将打蛋盆转动90°，重复刚才的操作。切的时候一定要留下清晰的划痕。

非mitten流

切出的线条如果很细，说明压力不够。如果橡胶刮刀前端没有压弯，只是轻轻接触而已，黄油与面粉容易残留在打蛋盆底部。

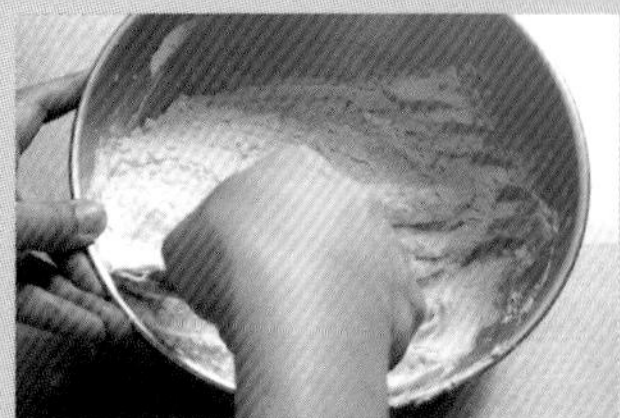

❶加入面粉。按左边练习时的方法，从右向左划动刮刀，将黄油逐渐切细。

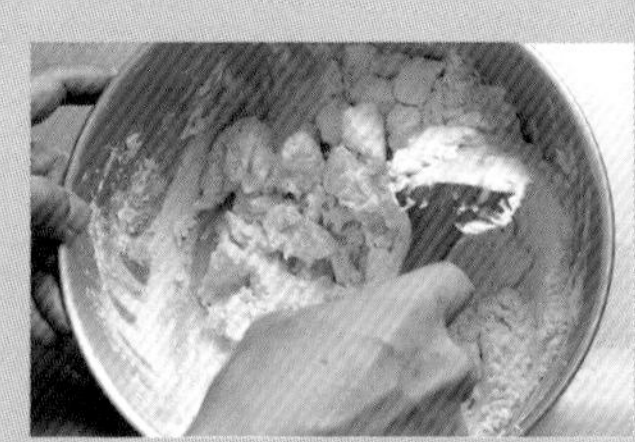

❷从外往里切完10条直线后，将打蛋盆转动90°（握住盆边的手移到12点钟位置）按照相同方法操作。拌入面粉其实就是把黄油切细。黄油的切面会自动裹上面粉，在不断被切细的过程中变成芝士粉那样。

❸直到看不到干粉为止。按照食谱这道步骤算是完成了，可以进入下一步操作。此外，为了让面团结合成团，还需进行结合搅拌。

❹用刮板将刮刀上黏附的面团刮下来，然后用大拇指摁住刮刀刀面部分。

❺从远处向身前快速切过来。慢慢转动打蛋盆，变化位置重复切的操作，进行8～10次后面团逐渐结合到一起，用手轻轻拢成一团。

需要配套掌握的妙招

由于配方不同，可能始终存在干粉。曲奇搅拌时刮刀切到身前侧时，用刀面将盆中的面团集中到盆的左端（左撇子则相反），夹紧之间的面团，刀面向上翻转把面团翻过来，这样底部的干粉就被翻到了上面。曲奇搅拌法与这个操作交替进行，能够有效拌和。

Ⅲ mitten流压拌法

▶参见视频

图片为冰曲奇。

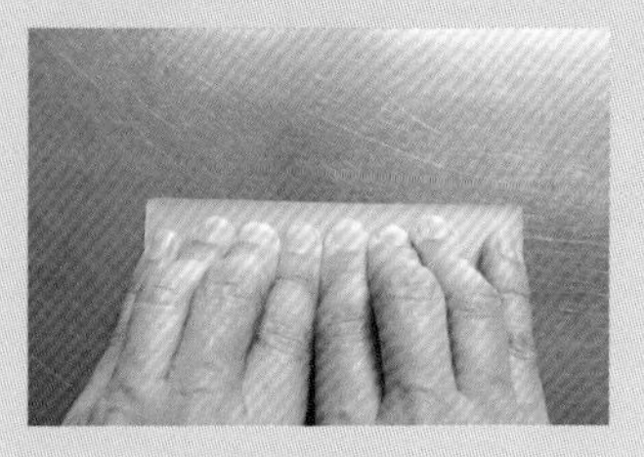

❶将面团调整成略窄于刮板宽度，厚度约3cm，放到操作台上。两手的4根指头并排放于刮板的直线长边处，大拇指从背面夹住刮板。

推荐使用不易弯曲的硬质刮板。

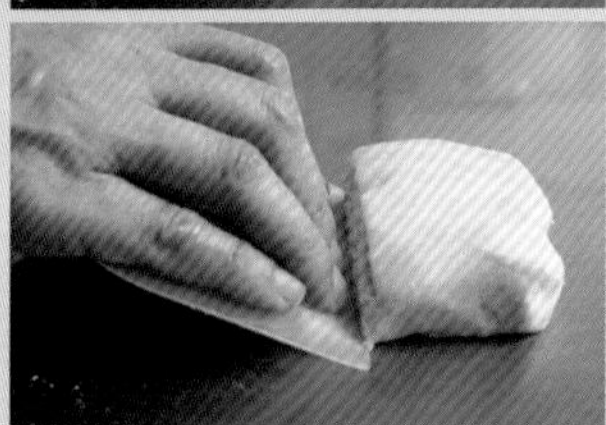

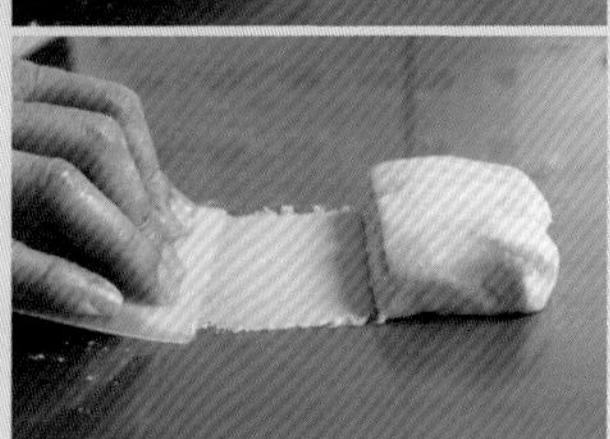

❷将刮板从面团前端1.5cm处斜向插入，在台面上碾压成约3mm厚后收住。保持3mm的厚度，朝着身前快速拉开8cm长。

不是用整个刀面部分碾压，靠边缘部分把面团拉开。

❸保持一定的速度及力度，按每2cm一段将面团有规律地压拌开。

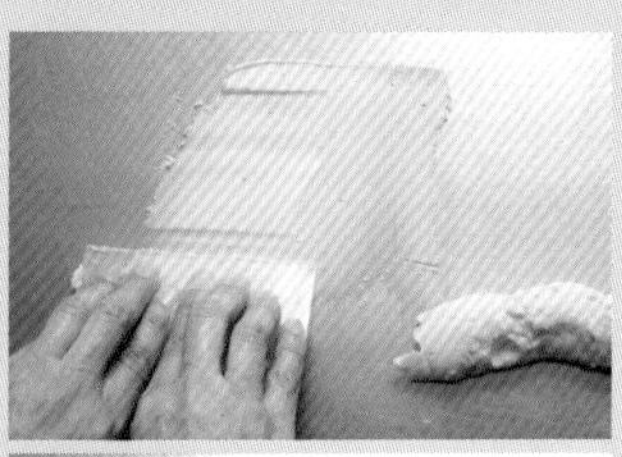

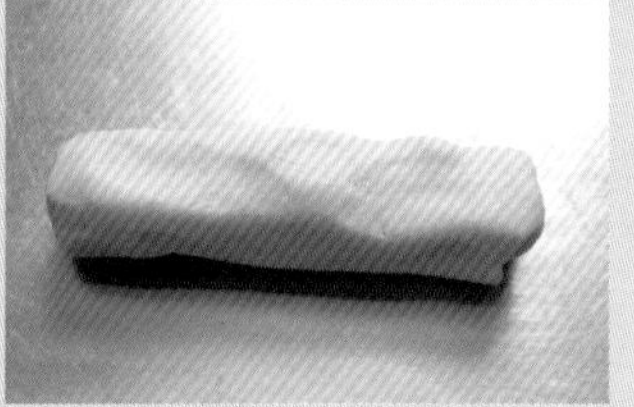

❹最后将左右两端余出的面团分别进行压拌。压拌后的面团颜色发白，带有光泽。

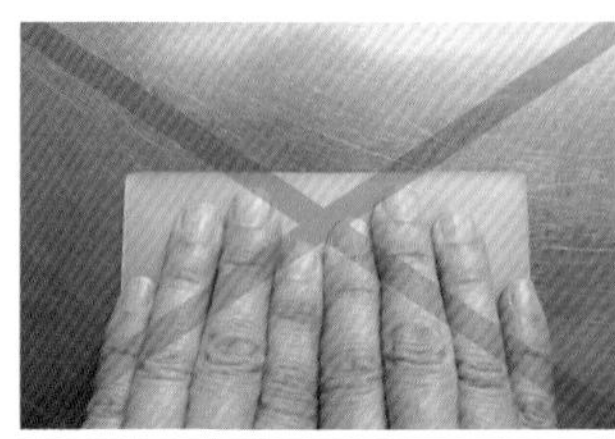

非mitten流

如果双手的4根手指笔直排放在刮板上，小手指处使不上力，会导致面团受力不均匀。相比刮板的弧线部分，直线长边部分用起来没有能量损耗，更适合压拌。

Ⅲ-1 手揉法

图片为碧根果球。

▶参见视频

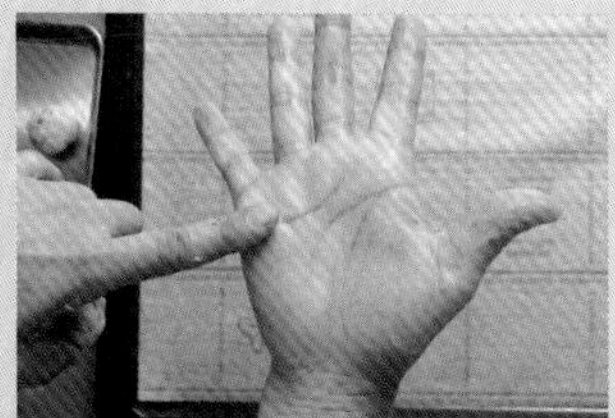

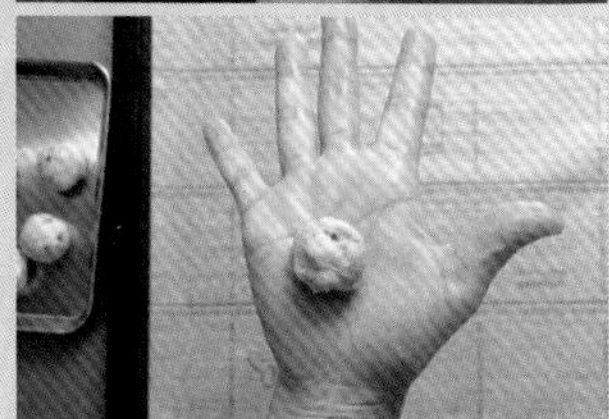

❶手掌用力张开，将分割后滚圆的面团放到掌心。

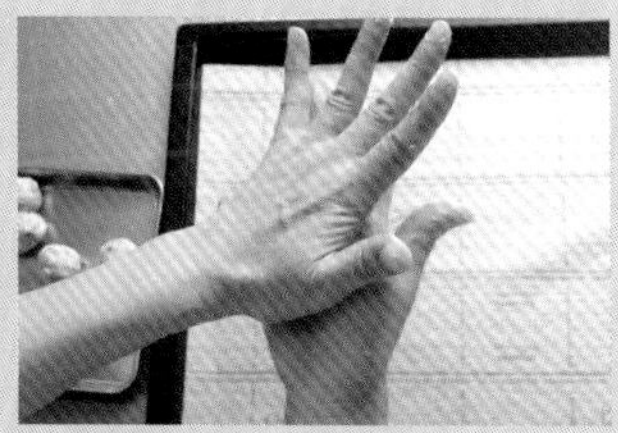

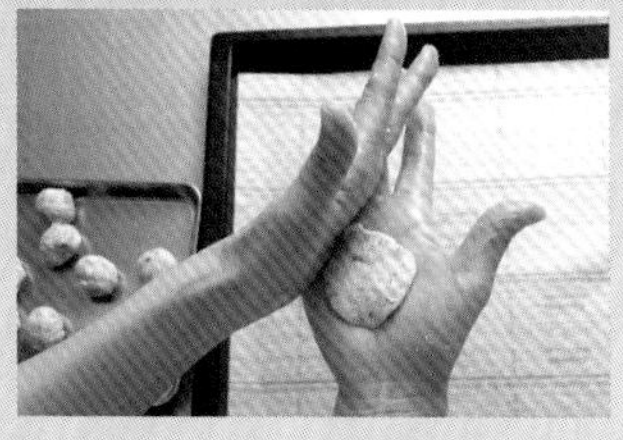

❷另一只手打开后合上去，将面团压扁成3～4mm厚。

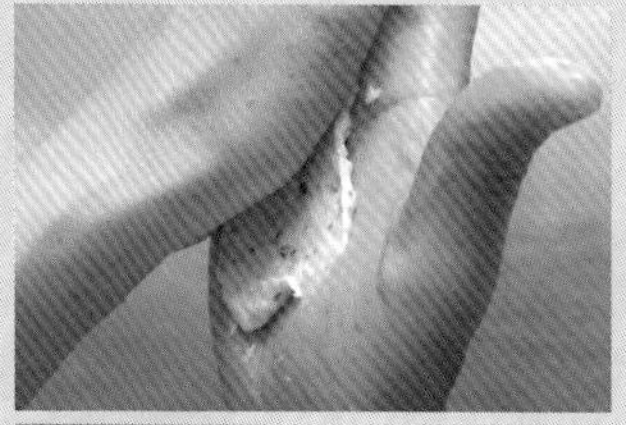

❸将压扁的面团在手中来回搓压，来回揉搓7～10次。面团中心部分也被均匀搓到后，双手拉开2cm的距离将面团揉成球状。

步骤❷中用手掌搓压的面团

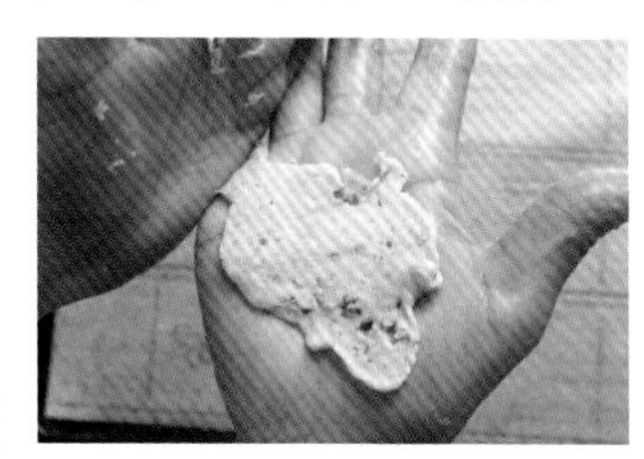

将面团压扁成3～4mm厚并维持相同的力度，揉搓时如果手掌没有合紧，面团容易发黏。实际操作时揉圆前的一系列动作都要快速进行。

搓压成功的面团

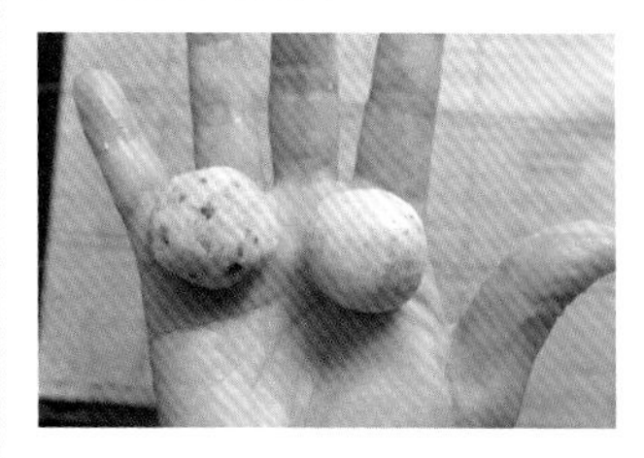

面团如右侧般发白，带有光泽则说明成功了。如果要添加坚果等食材，要把它裹进面团里面，表面揉光滑。

Ⅰ-1 蓬松打发搅拌法

▶参见视频

图片为维也纳酥饼。

❶黄油软化至23～24℃，备用。

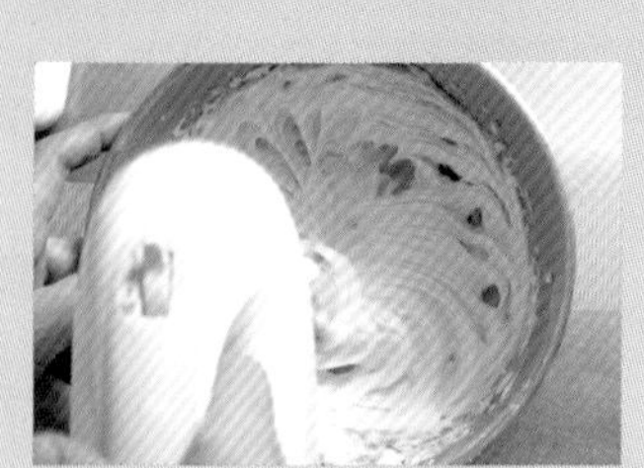

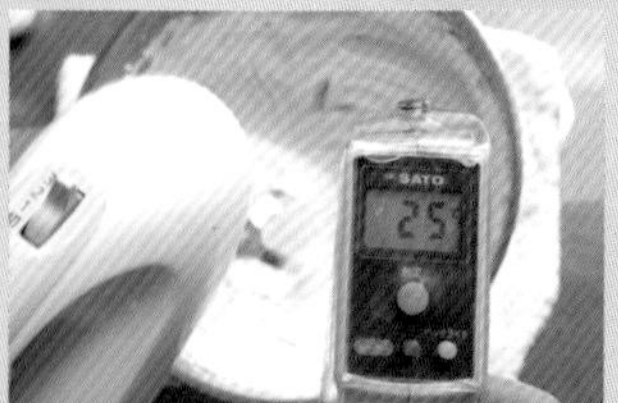

❷用电动打蛋器高速挡打发。打蛋器的搅打方式与打发搅拌法相同。

打发5～6分钟直至体积蓬松，期间黄油温度会下降。可以用吹风机吹热风或者裹热毛巾的方法将温度保持在25～26℃。

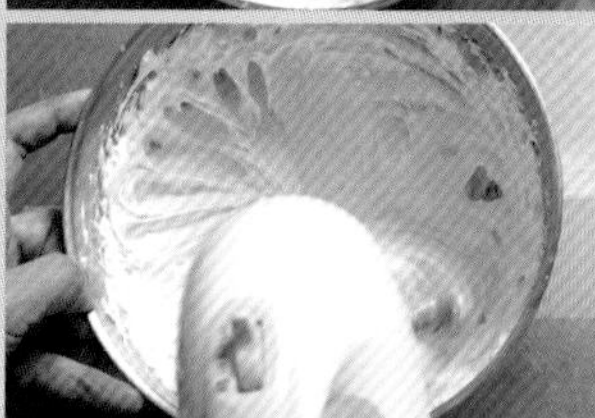

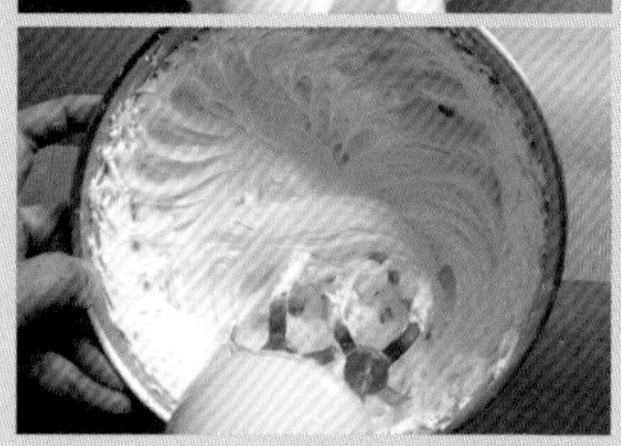

❸视配方需要加入蛋液，分2次加入，每次充分打发约1分钟。

❹转移到大一号的盆中方便进行曲奇搅拌，将表面抹平整。

缩短打发时间的技巧

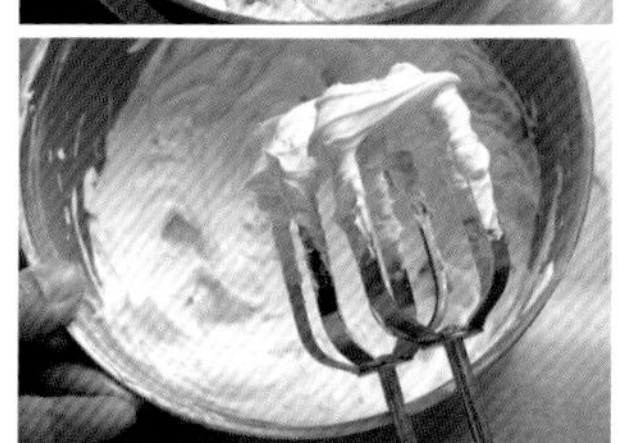

按照基础的打发方法大幅度画圈打发到一定程度后，将打蛋器靠到一边画直径5cm左右的小圈，慢慢转动打蛋盆把所有的地方都打发到。转完一周后再次大幅度画圈，然后画小圈，交替重复进行。这种方法能够缓解手臂疲劳，提高打发效率。

黄油的用量与打蛋盆大小的关系

将黄油充分打发时要确保打蛋器的搅头均匀搅到黄油，这样才能打出膨大的体积。黄油的用量在100～150g时，使用ϕ18cm的打蛋盆，50g则用ϕ15～16cm的打蛋盆（因打发状态不同，同样重量的黄油所使用的打蛋盆不小也会有差异）。上图为oven mitten的定制款深号打蛋盆，更利于打发。

Ⅲ-2 挤压法成形

▶参见视频

维也纳酥饼/香草（p.84）中，将星星花嘴放在较硬的台面上边旋转边按压，把中心开口部分直径从5mm调小至3mm左右。窄口的花嘴，半排花嘴或者排花嘴可以直接与裱花袋配套使用。

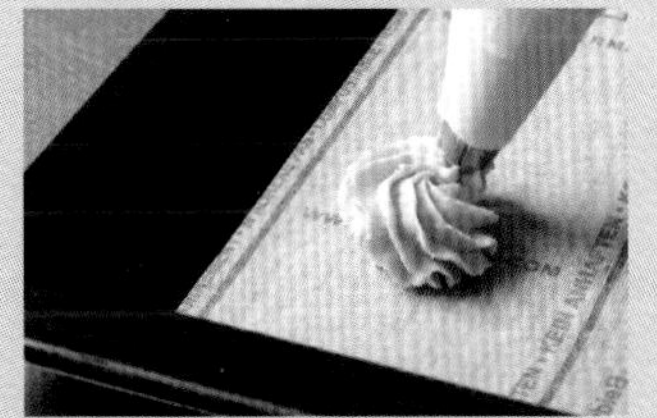

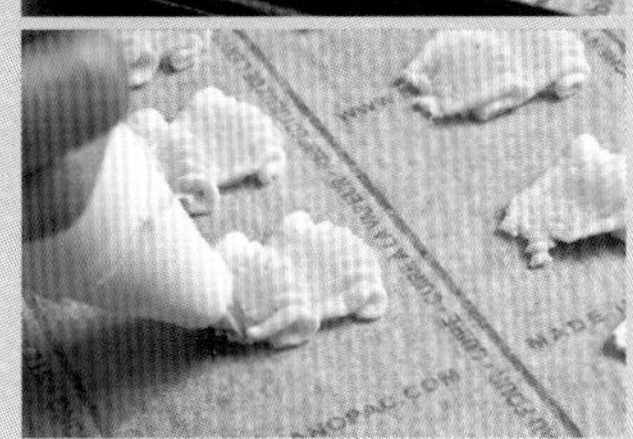

将面糊装入裱花袋，挤到铺有烘焙纸的烤盘上。因为花嘴出口处较窄需要加压才能挤出来达到压拌的效果。

图片从上至下依次为用调窄的星星花嘴挤出的维也纳酥饼/香草（p.84），用原始的星星花嘴挤出的维也纳酥饼/巧克力（p.86）、夹心曲奇（p.91），用半排花嘴或排花嘴挤出的芝士曲奇（p.90），用小号圆花嘴挤出的普雷结饼干（p.93）。

图书在版编目（CIP）数据

小嶋老师的美味曲奇搅拌法 /（日）小嶋留味著；夏威夷果M译. —沈阳：辽宁科学技术出版社，2021.10（2024.7 重印）
ISBN 978-7-5591-2127-1

Ⅰ. ①小… Ⅱ. ①小… ②夏… Ⅲ. ①饼干—制作 Ⅳ.①TS213.22

中国版本图书馆CIP数据核字（2021）第131474号

出版发行：辽宁科学技术出版社
（地址：沈阳市和平区十一纬路25号 邮编：110003）
印 刷 者：辽宁新华印务有限公司
经 销 者：各地新华书店
幅面尺寸：170mm × 240mm
印 张：6.5
字 数：150 千字
出版时间：2021 年 10 月第 1 版
印刷时间：2024 年 7 月第 5 次印刷
责任编辑：康 倩
封面设计：袁 舒
版式设计：袁 舒
责任校对：闻 洋

书 号：ISBN 978-7-5591-2127-1
定 价：38.00 元

投稿热线：024-23284367
邮购热线：024-23284502
E-mail：987642119@qq.com